教育部人文社会科学研究项目成果

项目审批号:22YJC760019

未来时空

虚实融合的
沉浸式交互体验模式

高尔东 吴亚楠 著

中国出版集团

中译出版社

图书在版编目（CIP）数据

未来时空：虚实融合的沉浸式交互体验模式 / 高尔
东，吴亚楠著 . -- 北京：中译出版社，2024.3
ISBN 978-7-5001-7801-9

Ⅰ . ①未⋯ Ⅱ . ①高⋯ ②吴⋯ Ⅲ . ①虚拟现实 – 研
究 Ⅳ . ① TP391.98

中国国家版本馆 CIP 数据核字（2024）第 056004 号

未来时空：虚实融合的沉浸式交互体验模式
WEILAI SHIKONG: XUSHI RONGHE DE
CHENJINSHI JIAOHU TIYAN MOSHI

著　者：高尔东　吴亚楠
责任编辑：于　宇

出版发行：中译出版社
地　　址：北京市西城区新街口外大街 28 号 102 号楼 4 层
电　　话：（010）68002494（编辑部）
邮　　编：100088
电子邮箱：book@ctph.com.cn
网　　址：http://www.ctph.com.cn

印　　刷：北京盛通印刷股份有限公司
经　　销：新华书店
规　　格：710 mm×1000 mm　1/16
印　　张：13.5
字　　数：135 千字
版　　次：2024 年 3 月第 1 版
印　　次：2024 年 3 月第 1 次

ISBN 978-7-5001-7801-9　　　定价：79.00 元

中　译　出　版　社

序1

发展数字经济是国家战略，也是世界大势。从宏观政策看，建设数字中国、建设网络强国、不断做强做优我国数字经济、把握新一轮科技革命和产业革命的新机遇、推动数字经济与实体经济融合发展，这些政策都体现了国家战略，其内涵不仅包括推进"新型显示"等新兴数字技术的发展，还包括未来应用场景、体验形式和传播方式的创新。从全球角度看，各类知名科技企业、创新主体、科学家、设计师们致力于探索虚拟世界和新人机交互技术、沉浸式网络空间体验技术、人工智能的算法、算力和应用等领域。他们的探索影响和改变着数据信息的生产方式、艺术表现方式、人类的生活方式乃至人类的精神世界。

面对这样的趋势，本书的作者较为全面综合地分析了系统要素，从沉浸式的虚实融合时空交互体验着手，系统阐述了一整套从"为何做"到"如何做"的理论成果与实践成果，探索出一条"古今联通、内外结合、虚实相融"的新思路，提出了新方案。如果说META公司是在阐释"元宇宙平台"怎么做，苹果公司在试图阐释"空间计算平台"怎么做，那么本书将提供另一个视角，多一个可能，即从中国传统文化和中国当下出发，阐释"虚实融合时空交互平台"怎么做，供未来的开发者和设计师们参考借鉴。

　　未来一个阶段，混合现实技术、人工智能、数据大模型算法等数字技术将迭代演进，"空间计算平台""元宇宙平台"等概念层出不穷、此消彼长。因此，这是制定技术标准、行业规则，定义话语权，把握未来趋势激烈争夺话语权的关键时期。在这一数字经济发展机遇背景下，顺应虚实融合的空间网络、全息化网络、多维沉浸式交互的发展趋势，针对从"影像体验""屏幕体验"向"空间体验""沉浸体验"转变的媒介形态发展过程，挖掘中国传统文化与现代化中国社会的精神内核，建构下一代互联网空间交互和情境营造模式的系统性规则与框架研究，具有重要的战略和社会意义。

　　国务院《"十四五"数字经济发展规划》《关于推进实施国家文化数字化战略的意见》中相继提出：打造智慧共享的新型数字生活，推广虚实交互体验等应用，提升场景消费体验，发展线上线下一体化、在线在场相结合的文化体验。同时，国内外多个国家战略决策者、相关部委、城市及地区管理者、大型企业围绕虚实融合、数字孪生以及"元宇宙"等概念做出了长远的前瞻性的研究和布局。本书结合技术趋势和战略需要，结合数字与信息技术、社会与文化艺术不同维度，按照行业发展实际需求，提出虚实融合交互体验世界的时空观、变化观，并以实例进行验证，为未来新阶段国家文化影响和传播力的塑造，为丰富人民的精神文化生活和数字体验，为未来新现代化的生活方式、文明新形态，贡献思路。

清华大学文科资深教授

中国美术家协会副主席

教育部设计教指委主任

长江学者特聘教授

国务院设计学科评议组召集人

序 2

在"赛博空间""数字世界"的概念越发照进现实的当下，各式各样的新潮的词语、话术层出不穷。这为计算机和网络技术领域以及资本市场持续创造热度。但急潮退，历尽千帆，终归要回到问题的本源上，也就是在虚拟空间内创造新的世界观，在价值理念层面找寻事物的关键。

本书历时近三年的酝酿沉淀。作者对在空间交互技术和空间传播媒介双重驱动下的变革趋势做出了方向判断，并且在新的空间场域中，从思想文化这一定位提出独到见解。作者从中国视角出发，阐释一套相对系统的设计逻辑：一方面，继承了中国传统对世界、时空认知的文脉延续；另一方面，兼顾了当代社会对空间公平正义诉求的关照，也就是说，把包容性、可持续性作为平台宗旨，以用户体验为中心，以人的智慧和创造力激发作为平台规则制定的精髓。作者认真地把这一理念以"设计整个体验平台"的方式贯穿始终。

在观念复杂、信息多元、矛盾交织的大环境下，本书作者试图给出理性且具有建设性的思考，在不同的预期、需求、对立中找到结合点，在不同的思路冲突之间找到平衡点，在不同文化底色之间找到融合点，在虚实环境中找到连接点。此外，本书作者试图提供简易适用且具体切实可行的实践路径。

未来的时代是科技巨变、浪潮汹涌、充满挑战的新征途，但也更是回溯文化正统、守正创新的新阶段。时间的推移将证明：这一切不只是两位作者的个人喜好，而是客观现实的自然选择和时代选择。解决未来问题的答案，必然需要在过去的经典书籍中寻得启迪。本书作者在尝试走向这个思路，把未来媒介和传统文化相结合，力求找出一条路径。当然，这是一个长期的过程，也是一件鲜有短期回报和收益的事情。仅靠这部书提供的思路远远不能对更多的议题给出完美解答，但其意义将更为深远：直面若干年后行业的真实现状，通过对新平台模式的阐释，来寄希望于未来丰富多彩的体验环境和精神图景。

　　未来不是等待来的，是我们共同描绘书写的。构建未来，是一批憧憬前方，对新生活方式、社会互动方式、哲学思考和新空间建造等不同议题感兴趣的先行者们共同实现的。期待广大的读者——你们也是未来虚实融合交互体验的共同参与者——和开发者携手同行，共同创造。

中国传媒大学动画与数字艺术学院院长、教授

前　言

新时期，虚拟艺术、沉浸式体验的设计研究和创作表达，正在从叙事语言、内容表现等作品创作层面，向空间全息网络环境下的社会生活不同维度、社会形态、文化传播、生活方式转变和扩展。这促使了媒介范式和技术范式的双重变革。在这一背景下，随着数字技术快速迭代更新，未来网络空间体验方式的迭代、未来交互方式的改变以及未来数字内容生产方式的更新将成为三个突出领域。这三个方向的探索最终自然而然地汇聚在"虚实融合交互体验的平台"这一个议题之上。作为一个新的事物、新的变革，"虚实融合交互体验的平台"着重探索基于体验的新交互手段、时空秩序、交互规则以及新的设计逻辑。

虚实融合体验与内容的设计思路是建构背后的时空观、宇宙观，并与具象的情境和意境相结合。"境"是虚空，是由有形之物限定的无形空间。当用户进入互动时空平台体验时，便是"入境"；当用户基于平台开始思考、行动，甚至生活时，便是"在境"。从"入境"到"在境"，在虚拟空间中，时空观被重新建构。在虚实融合的世界中，用户面对的时空是"现实时空"和"虚拟时空"交织融合的状态。在"现实时空"中，物理身体真实存在；在"虚拟时空"中，精神化身存在。虚实融合体验，既容纳了现实中琐碎的日常——与亲人拥抱、与朋友打闹，也拓展了超越时空、跨时空的精神境界。从这一角度讲，虚实融合世界的时空，是贯穿在现实空间之中而存在的，用户实现了共同体验与个体体验的双重结合。在虚实融合时空中，一方面，用户在沉浸式体验空间中与虚拟社会互动，遵循虚实融合平台中的社会行为方式与规则，实现"共同体验"；另一方面，每个场景有着独特的表达与文化，实现"个体体验"，具有独特性、相对封闭性，然而各个场景间互为连接、互相作用，不能互相脱离而独立存在，这一过程使得交互孤独感消失，将个体纳入到了虚拟整体中。要实现虚实融合平台的沉浸式交互体验，基础在于构建从"共同"到"个体"的互动蜂鸣，需要"物理空间"到"精神空间"的互通互联。由此，可以从历史文化中探寻关于"虚空"的构想，寻找有关的逻辑与规则。

面对虚拟与现实时空融合的时代机遇，艺术设计与交互体验的思维建构也正进入新阶段。然而，围绕内在逻辑和模式系统的理论研究和模型构建尚且缺乏，尤其是立足国情实际和中国优秀文化的研究更是十分有限。本书将以中国传统文化的精髓以及具有世界性的价值观、思想为精神内核，以下一代沉浸与智能交互媒介发展潮流、虚实融合的生产生活方式为切入点，拓展未来中国传统文化的创造性转化、创造性发展的维度，提供中国现代化体系下的设计方案和探索未来社会生活、文化体验形态的新模式。

全书共包含七章，从思考到实施，对虚实融合交互平台逻辑进行完整呈现。第一章和第二章主要对媒介环境与交互方式转变的背景环境以及支撑转变的文化根基和思想背景进行阐述，阐释"为何设计"的问题，明确目标方向和整体思路，把握设计方向。第三章到第七章，是全书的重点，也是立项根本性的目的，即阐释"如何设计"的问题，完整阐述一套设计方案的框架和实施细节。其中，第三章和第四章对方案的整体原则进行解释和标定，定调基础框架和整体思路；第五章和第六章则是对更多设计细节进行展开描述，提出详细解决方案、设计交互行动，直面具体实施问题；第七章对整体的核心观点、亮点和特色进行梳理、提炼、总结。

新的媒介改变人们看待宇宙万物的尺度和维度，使人们跨出时间空间限制，以全息视角和高维体验介入沉浸式交互环境中。本书力图在虚实融合的沉浸式媒介环境下，在理论思考和实践应用两个维度有所建树。

理论研究价值方面，从宏观、中观与微观三个角度构建有中国文化特色和社会制度优势的虚实融合沉浸式交互理论体系。宏观层面，准确定位和把握当下时代环境，根植于中国式现代化进程和社会人文环境，从中国传统文化内核中汲取哲学、美学营养，结合现代化媒介技术、数字科技与社会文化发展的趋势和客观需求，解决虚实融合沉浸式交互平台的世界观问题，搭建具有中国逻辑的虚实空间新语言体系，建构虚拟空间世界的整体方案，建构中国沉浸式虚实融合环境下的时空理论体系；中观层面，梳理虚拟现实领域和沉浸式交互平台领域的发展与现状，从艺术学、设计学、传播学、文学、计算机技术等方面进行深入研究，解决虚实融合沉浸式交互平台的总体理论和构建方法问题，并在三维化的网络虚拟世界衍生出内容传送分发机制、时空场景定位（导航）系统和平台的运行模式；微观层面，建构与中国实际情

研究的整体框架（图 0-1）

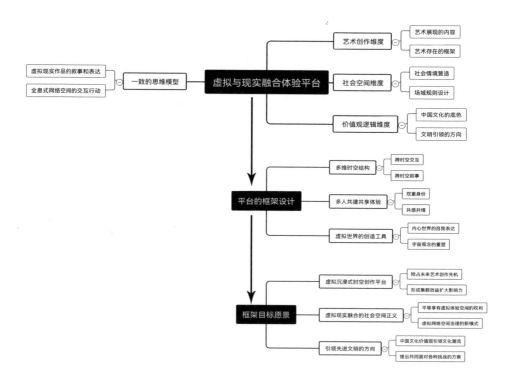

图 0-1　本书研究的整体结构框架

况相符的学术话语体系，解释带有中国风格的虚实融合交互叙事语言和体验方式，制定交互体验平台的设计规则。

实际应用价值方面，建立具有中国特色的、着眼于未来世界大变局和社会发展需要的虚实融合交互体验平台。主要表现在以下三方面：一是基于共同体理念、可持续理念，建设平等共享的未来沉浸式网络空间，提出具有中国特色的方案，丰富文化内涵和思想底蕴；二是探讨关于业界关注的"虚实融合的超级场景""全真互联网"以及"空间计算平台"概念中时空交互体验模式的布局，摸索出虚拟与现实融合的交互体验平台模式及其系列规则；三是为探索虚拟现实、虚实平台等行业提供内容共享、形势研判、人才培养等内容，时刻把握内容平台设计、规划、标准制定的思维和趋势。

目录

第一章

趋势转向：

媒介环境、艺术范式与传播逻辑的系统性转变

1968 年，当第一台头戴显示器被创造出来时，人们或许也未意识到"Virtual Reality"（VR，虚拟现实）这一词汇从诞生到被更广泛探讨会经历半个世纪之久。例如 2018 年以来，当行业还没有从元宇宙、区块链、NFT、Web 3.0 等概念的争论中得出一个成熟的结论时，欧盟委员会在 2023 年 7 月 11 日发布的《Web 4.0 和虚拟世界的倡议：在下一次技术转型中领先》中提出了"Web 4.0"这一新概念。"Web 4.0"将成为虚拟体验、物联网和区块链融合的全新互联网愿景的一部分，进一步将数字世界和真实世界无缝融合，增强人与机器之间的交互，精进、完善虚拟世界的内涵，形成直观、身临其境的体验。

当用户在虚拟现实体验中"疯狂"地挥动手柄，尽情地调动全身肢体与虚拟体验内容进行互动时，2023 年苹果公司推出了首款头戴式交互计算设备 Vision Pro（图 1-1、图 1-2）。

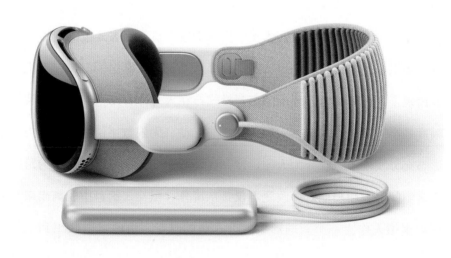

图 1-1　苹果空间计算平台设备"Vision Pro"

来源：https://www.apple.com.cn/newsroom/2023/06/introducing-apple-vision-pro/

图 1-2 苹果空间计算平台设备 Vision Pro

来源：https://www.yahoo.com/lifestyle/apple-reportedly-unannounced-fitness-features-184136637.html

Vision Pro 以精准的眼球追踪和优雅的手指交互结合成交互语言，展现了苹果推动新媒介、新硬件的决心。当"元宇宙"概念的热度慢慢消退时，"空间计算平台"一词在人工智能对各个领域带来颠覆变革的大环境下进入公众视野。

这些层出不穷的新词，体现了技术推进人机交互方式上的变革，进而推进传播媒介逻辑变化。在虚拟网络世界含义更加丰富的同时，在人机交互层面出现了一种新的媒介环境和交互模式：在人身体移动范围最小和肢体运动幅度最小的条件下，可以实现无限空间互动、无限数字信息生产能力。这一形态充分实现了"媒介为人的延伸"这一理念。当从二维平面转为跨时空的三维空间时，用户面对的改变不仅是从屏幕、鼠标、键盘中脱离出来，而且要以虚拟人作为一个新的形象，进入新的时空。由此可以联想到电影《超体》（图 1-3、图 1-4）描述的场景：当大脑被高度开发以后，人可以超出肉体感知局限而存在，理解并获取更高维度的信息和世界观。女主角露西坐

图 1-3、图 1-4　电影《超体》中呈现人的感知能力极致化，而人不移动便能获取趋近于无限的信息

来源：电影截屏

在一把椅子上，就可以穿越时空，尽知世界。这体现了"所想即所见，欲动则已至"的交互逻辑：以"我"为中心，一切空间可以随着指令自由呈现在"我"面前。这种交互逻辑不再以空间为中心，人不再需要移动自己才能实现场景转变。这样的交互逻辑将改变现有绝大多数虚拟空间和交互移动机制的设计思路。

由此可见，以人的身体和情感为中心的交互方式、以时空体验为主轴的媒介形态，形成了新的平台逻辑。从这一本质性认知出发，就需要对媒介环境、交互方式、规则秩序、叙事和世界构建等主要议题进行研究，进而分析这种交互方式和媒介形态对人生活方式和精神世界的影响。

交互形态改变带来交互设计革新

判断交互技术和传播媒介形态的关系和趋势，把握下一代交互平台模式的空间建构、虚实融合的设计逻辑，本质上是对网络中时空观念、全息化、智能化体验获取与产出过程中思维的建设。虚实融合空间生态链的建立离不开完备的交互形态和交互语言。

美国交互设计师阿兰·库珀（Alan Cooper）认为："交互设计是人工制品、环境和系统的行为，以及传达这种行为的外形元素的设计和定义。"交互方式影响用户交互行为、交互效率和用户体验，是连接用户与可视化界面的行为方式。交互方式是否舒适、易用且适当，决定了用户是否愿意进入平台，并在此停留。通常情况下，交互动作由用户发出，通过行为传递给输入端，再传递到终端；终端作出反馈，再通过输出端传递给用户。这一系列环节组成整个过程。《交互设计——超越人机交互》中将交互设计定义为"人类交流和交互空间的设计"。在虚实融合平台中，交互更是用户通过媒介与空间的交流互动。最初，交互更多考虑的是人与计算机之间的信息互动，然而随着技术和社会发展，交互更强调通过交互语言在人与平台间进行信息交流与交互。

当前社会存在多种多样的交互设计：手势交互、语音交互、人脸识别等。虚拟现实作品《掌声》借助手势识别技术达成角色间的互动与剧情发展；《人间惆怅客》（The Passengers）则全程都由"注视点"来完成剧情推进，完全解放双手，这实际上在苹果公司发布头显设备前，预示并印证了手势加注视结合的交互路径这个方向的特殊地位。当然，现在还有将虚拟世界建在物理世界之上而达到交互目的的，例如美国的虚拟现实主题公园 The Void。

但随着媒介发展和交互形态的改变，沉浸式交互的核心更偏向于全身交互，并越来越多地活跃在国际沉浸电影节上。类似 *Welcome to Respite*（图 1-5、图 1-6）、*Draw Me Close*（图 1-7、图 1-8）等作品，把全身动作捕捉与多人线上线下在场的方式结合，形成现场活动、剧场演出、游戏娱乐和故事融合体验新范式。这些作品的机制就是多人在线的虚拟身体和现场联动交互。

图 1-5、图 1-6　作品 *Welcome to Respite*（2021）

来源：https://fivars.net/stories/storiesfeb2022/the-severance-theory-welcome-to-respite/
https://images.squarespace-cdn.com/content/5d6a6b61248be40001da7ee8/1632666502595-GSJ0E5DOLZVOZGFQ0R07/respite.png?
format=1500w&content-type=image%2Fpng

图 1-7、图 1-8　VR 作品 *Draw Me Close*（2017）

来源：https://www.theatrecrafts.com/pages/home/shows/draw-me-close/
https://elephant.art/hold-closer-theatre-perfect-match-vr/

一方面，身体本身具有物理性，因此交互环境所涉及的尺度以肉身物理机能为基准。全身交互强调身体参与认知全过程，因此交互逻辑遵循身体自然特性，顺应人的感知习惯和肢体的行动逻辑。另一方面，虚实融合世界下，虚拟的部分则不受物理的限制，拓展了空间交互的边界。身体交互过程中留存的物理限制和虚拟空间要突破物理性的诉求之间的矛盾成为平台交互模式的核心问题之一。

因此，可以从第三维度思考交互。试想一下，用户在体验过程中通过意识层面的动念驱动空间的转变和运动。这与在现实世界中的人通过行走或者某种行动工具发生空间转换不同。平台根据用户在不同场景、不同生活状态下，对进入不同环境空间的需求不同进行判断，进而获得即时反馈的空间传送和时空跳转体验。身体晕动是虚拟沉浸式体验中交互设计的主要挑战之一。在以往的设计过程中，主要依赖于虚拟身体位置移动来感知空间体验，因此缺乏有效手段，避免在虚拟场景中发生运动而现实中身体不动所产生的生理不适。无论是笨重的万向跑步机、累赘繁复的外接设备都不能很好地解决这一"动"的问题。根源在于方向的把握上。其实，可以反过来想：在人的意识世界里，或者在梦里，人的身体同样没有产生移动，也不依赖任何器械，但精神和意识可以出现在任何地方，也不会发生晕动症的现象。在科幻的极致想象里，如美剧《上载新生》所设想的，打破了肉身的界限，人的意识可以上传到虚拟空间，思维永存，并且和现实保持联系。因此，问题的本质不是如何解决晕动症状，而是站在虚拟世界的角度，把人身体如何移动的问题转化成人与空间装置相对位置改变的问题，从认知层面摆脱传统物理惯性，不再通过移动身体实现到达目的地。虚拟技术为摆脱人移动的物理局限提供了更大自由。设计交互行为应充分发挥这一优势。

因此，在虚实融合沉浸式体验中，交互的核心是将自然人机交互与超物理运动交互结合。这样，传统的交互机制就向新的交互机制转变：不仅在空间固定不动的情况下，设计人身体的行进等位置移动手段，还要在人的相对固定位置不动的情况下，设计外界虚拟空间物体的流转移动与环境切换的机制。而且这种新的交互机制还能和传统交互移动机制相结合，形成新的交互系统。这一空间交互机制的变化趋势体现了交互思路的扭转，并提供了更多选项（图1-9）。

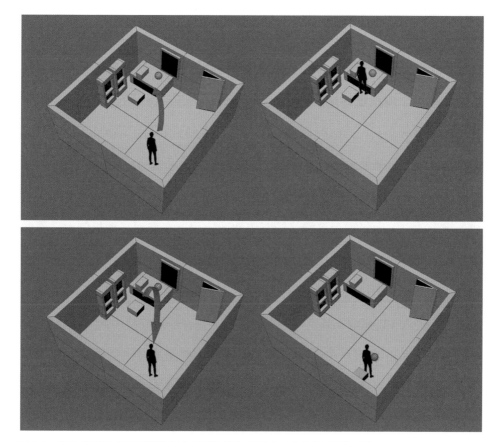

图1-9 锚定"空间"的交互逻辑（上）转变为锚定"人"为中心的交互逻辑（下）

对上述动的主体的转变，可以做如下的解释：比如要跟上在地面上快速运动的物体，需要同样快的速度，但假设把视角跳脱出来，选择从太空眺望地球，那么原本动态多变的运动看起来就变得缓慢，尽在掌控之中。这样的话，在虚拟空间中，减少依赖自身肢体大幅度动作完成类似跑步等长远距离行动，而是依靠细微动作和主观动念，结合精巧细腻的、区别于大手柄、万向跑步机的 VR 设备，用"空间的运动"代替"人的行动"。事实证明，这恰恰也是苹果设备的交互路线选择。人类获取环境信息，通过全身心的介入，把空间内的一切物理与数字信息尽收于身。跨越地域的行为和存在，不再局限于虚拟世界中的方位概念，不再通过行动前往、进入、抵达，而是将人的行动需求，转换成语音、空间导航、手势识别甚至所谓"脑机连接"等人机交互指令，产生虚拟信息和数字装置时空召唤的效果。这是物理世界难以实现的，但对于虚拟世界则易如反掌。总之，虚实融合体验交互的关键因素是：保留肉身交互，同时突破物理限制，进入到自如且无限的超时空存在。而这一幕似乎与苹果为其设备所设计的交互逻辑关系密切。

这种三维空间的交互理念在 3D 地图应用 Wooorld（图 1-10、图 1-11）中初见雏形。一方面，这个沉浸式的三维地图应用，在空间移动机制上，不同于依赖人的行走和跑动的应用，而是实现沙盘式的混合现实和全景式沉浸虚拟现实相结合。通过混合现实的三维沙盘完成空间移动和定位。定位完成之后可直接进入 VR 化的实景空间。另一方面，这个应用支持多人共享与协作。也就是说，三五名用户相约一起进入情境中，彼此相对位置锚定在三维场景、沙盘或者白板等物体旁，形成几位用户的沉浸式的共享群组。每人无须跑动，但虚拟的外部空间可以切换或者被移动。用户之间通过相互交流完成

图 1-10、图 1-11　VR 应用 Wooorld 里多人在线、身体保持静止模式下，世界自由移动和被掌控

来源: https://www.thevrgrid.com/wooorld/
　　　https://www.vrvoyaging.com/wooorld-vr/

协商、交互，在三维沙盘中共同掌控方位，并在选定的区域实现空间沉浸和自主创作。

　　尽管这一应用尚不够成熟，空间自由度有限，虚拟化身等体验效果质朴，但体现了在参与者位置相对锚定的情况下，环境位置和空间自由转换的思路代表着未来交互方向——在超物理世界中，人通过感知存在控制的自由度进入了新维度。

　　媒介环境的变化带来交互技术变革。在虚拟生产的技术手段和人工智能算法越发强大的环境下，不能脱离人的因素。传播模式已经超出信息传播路径的"单向""多向"的探讨，而是进入多人共存、集体共创空间信息世界的新维度。全体参与者共处同虚拟时空，共享全身交互体验。信息传播交流更趋近于真实的物理环境。在这一环境下，交互形态发生巨大变化：从物理交互到全身交互，再到人机自然交互与超物理运动交互结合。

　　在虚实融合沉浸体验中，场景是多维度、跨时空的，人的行为也更为灵活。用户在使用这个平台的时候，在享受更大自由度的同时，客观上也存在稳定感、方位感和平衡性缺失的风险。因此，人与人之间的关系，用户与空间的位置关系、结构关系的锚定尤为重要。前提是共享体验的用户在事先约定的条件下，彼此可以看到、感受到彼此的存在，任由时空随意变换、跳转，信息肆意生长，但共享体验的用户之间的相对位置关系是保持静止和稳定的。交互形态的逻辑系统变化，也体现了媒介环境的变化。在任何时空环境下，保留人的基本社交模式。时空的传送、流动在相互沟通中完成。因此，交互行为本身就是传播行为，体现交互、传播平台两位一体平台模式的特点。

交互技术变革促进媒介形态变化

在智能与网络高速发展的时代，交互技术推陈出新，交互影像、交互装置、体感互动、虚拟现实、混合现实、空间计算交互体验、智能感知等逐步渗透进大众生活。交互技术的变革，促进影像传播形态、制作手段、观赏方式的转变。把握下一代虚拟沉浸交互平台模式的构建，更需要研究和判断当下交互技术和传播媒介形态的关系和趋势。

伴随着计算机感知、反馈性能和算力的提升，交互技术进一步发展，媒介平台的智能化和多元化趋势加强：移动互联网平台的服务定位变化，大数据、机器学习算力提升，基于数据的公共服务、零售电商、语音交互引擎等原有互联网生态模式需求变革；区块链的发展，促使点对点、一对一的去中心化交互成为当前交互热点，使得交互更具自主性、开放性和安全性。从以上举例可以看到，从网络互联时代到新媒体智能时代的发展，全息、虚拟现实、增强现实等技术越来越纯熟，大众对视频和图像的分辨率要求越来越高，新兴媒介形态不断涌现并承载不同以往的特殊内容。根据马歇尔·麦克卢汉（Marshall Mcluhan）所述，一切媒介都是人体的延伸。高度发展的5G、移动互联网、物联网等重塑大众的感知力、表达力和思想。用户已不满足于先前的文本、图像、影像、传统视频等媒介形式和载体，而渐渐选择带有兼容性和可拓展性的新媒介形式：交互工具与信息传播工具、数据运算处理工具一体化。新媒介形式给人带来更直接、更真实的感受，当然也更具有情感属性。

交互电影制作人、故事讲述者和视觉艺术家克里斯·米尔克（Chris Milk）曾提出"VR 是终极移情机器"。亚里士多德在《诗学》中提出艺术是一个场所。虚拟空间恰恰提供了这样一个"场"。大众通过这个新媒介，在这个"场"里感受或现实或虚拟化的世界。在这一过程中，情感不需要人们进行心理化的努力，而是可以通过体验更为直观的情感场景自动触发。这个媒介场更具自由度、选择度，更真实、更沉浸。

当然，任何特定媒介沉浸式或交互的程度也会因不同使用场景和不同的技术条件规格而有所差异。但其带来的交互不仅是思维层面的反思，更是先于反思的、更加贴近直觉的一种自身主体体验：通过沉浸空间的打造可以增加触觉、嗅觉的感官体验，通过对动作行为的识别判定而产生空间，拓宽人机交互的边界。

媒介形态变化影响并促使交互形态改变

从工业时代到信息时代，从物质生产到非物质生产的发展变化过程中，媒介形态已经从"单向"转为"多向"。通过新媒介，人与这个环境产生新关联：在虚拟技术愈加强大的时候，更不能离开人而讨论交互形态的改变；人工智能、混合现实、区块链等技术的发展，让大众进入多人共存、集体共创空间信息世界的新维度；全体参与者共处于虚拟时空，共享全身交互体验；信息传播交流更趋近于真实的物理环境。在这一环境下，交互形态发生巨大变化，交互形态呈现出从物理交互到全身交互，再到人机自然交互与超物理运动交互结合的态势。

从当前研究来看，下一代交互模式界定的行业共识尚未成熟，内容体系尚未形成，介入社会生活的深度尚为有限。但是，随着媒介发展，交互体验模式以及文化内涵传播等多个维度相结合的领域已经出现；未来发展趋势已经初现萌芽；多种不同类型的高精度、高沉浸虚拟世界的生产工具、全息数字场景和新型互联网社交模式的尝试越发普遍；随当前社会环境和技术潮流的发展，一些新模式加速涌现，兼具了艺术性、时空性和社会化的虚实多维时空联通的交互体验。

通过网络连接，当下的媒介实现了人人自由表达与连接。在虚实融合沉浸式空间中，大众真实的物理世界与虚拟的世界都链接在一起。这就更需要保留和体现人的基本社交模式。时空的传送、流动、信息的交互沟通等，本身就是传播行为。然而，在沉浸式环境下，交互平台的社交并不仅是发文字、语音和共同观看视频，大众还可以创建场景、组织活动、设计规则，打造"小世界"。从"元宇宙"概念爆发之初，多款应用软件 App 或者游戏作品用"元宇宙"的标签，自称能实现"和密友的线上房间"，满足了身份、社交、沉浸式体验等关键属性。但是，这些应用没有打通用户和用户间的强关系链：大众只能摆置面前的虚拟符号，无法协作和共建属于自己的全新场所，无法真正找到契合的数字替身，也无法真正与朋友一起游戏、跳舞、观影等社交。因此，这类应用多为昙花一现，很快消失在大众视野中。

　　但从媒介情境理论[①]看，游戏《堡垒之夜》以及 VRChat（图 1–12）等平台媒介的出现和发展，有力证明：空间建造正在成为空间传播的趋向。尽管这些空间并不一定依赖于物理现实中的实体而存在，但是，作为一种新的、客观真实的社会场所，虚拟世界通过"数字身体化"驱动生成，根据需求生成无限多的新社会场所，在人的主观能动的创造下被重新建构。空间内的社交规则和社会行为习惯可以被重新定义：过去在社交场合下约定俗成的礼仪有了新修订，并且重新出现一系列新的社会关系，最终通过人在环境中的活动和行为被赋予了新的意义。正如著名人类学家丹尼尔·米勒（Daniel Miller）所言："虚拟世界和现实世界本就是两个对等的空间，再不应该厚此薄彼。"

图 1–12　VR 社交应用 VRChat 的多人具身体验的虚拟活动

来源：https://www.sfexaminer.com/archives/the-magic-of-the-metaverse-beckons-big-tech/article_6b0f8ef2-c33e-56ab-b2bf-5077216c13d4.html

---

　　① 约书亚·梅罗维茨（Joshua Meyrowitz）的"媒介情境理论"指出，新的媒介改变了物质地点和社会地点之间固有的关系，强调媒介的变化产生、营造和改变人在社会场景中的活动、交往行为方式。

第一节　媒介环境与传播逻辑的变革

经历了广播、电视和网络等电子传播时代，信息传播实现了速度快、承载量大、可复制性、高度安全性等。随着智能时代到来，万物皆媒介。从公众媒介，到社交媒介，到现如今的万物皆媒介，信息无处不在、无时不在。智能穿戴、可视化装置等延伸了大众的感觉和触觉，进一步为用户获取信息带来沉浸感，让虚拟与现实、人工与原生世界交相呼应。学者喻国明曾提出："情感共振，关系认同的力量有时候远大于事实与逻辑的力量；而利用内容构造场景、形成新的沟通模式本质上就是一种媒介功能。"面对新的交互技术，以内容为基础，以中国传统文化为构筑场景的介质，以用户社交关系为区分场景的媒介，虚实融合沉浸式交互平台将构建起虚拟的、沉浸的全新传播空间。

三个关键要素：空间沉浸、Web 3.0、人工智能

多维立体传播空间的特点之一是新社会地点和新社会空间形态。虚拟技术营造出来的新的虚拟空间，实际上是独立存在的新的场所。其社会互动规则，脱胎于现实世界，连接现实世界的各类社交场所，但也存在明显区别于现实世界的方面，尤其是其行为和互动秩序，是由人重新定义的不同于约定俗成的社交规则。从 2020 年起，借助"元宇宙""赛博空间"概念，各大互联网企业、虚拟现实等硬件厂商皆以布局下一代互联网空间、下一代计算平

台和体验平台为动机，展开一系列布局和谋划。除了 Roblox（图 1-13），首先行动的是互联网巨头们，建构了类似 Microsoft Mesh（图 1-14、图 1-15）、Meta Horizon（图 1-16、图 1-17）、Viverse、Cyberverse 等多个"元宇宙"平台。这一趋势实际上从传统的图文传播、短视频传播、直播传播，向虚拟空间传播、场域传播、沉浸式传播和全息传播转变。互联网开放、共享、联结等特征使得现在的信息传播过程不再局限于固定的时间和场地，而是更加注重场景化用户感受和体验，并且进一步改变物理世界的媒介环境和地域的社会属性，营造更多的新社会地点和社会空间的形态，产生新的社会交往形式和行动机制。

《沉浸式媒介技术报告》一文提到，年轻一代社交和互动的方式发生了变化。游戏玩家在虚拟世界中与朋友相处的时间几乎是现实生活中的两倍。在虚拟媒介中，玩家的社交已经变得更加主动，同时以多角色参与不同内容，能随时随地获取信息和反馈。由此看来，沉浸式媒介已成为融合多感官参与的综合性艺术形式。在新社会地点和社会空间中，玩家打破社交固化和实时化需求，在自己制定的规则和框架中，自在且放松。然而，当玩家想要有人陪伴时，就可以寻找空间中的同频者，自然而然地融入大世界。无论选择何种方式，玩家都会找到虚拟的陪伴和情感互通。在新的社会地点中，不再有固化的空间场景，而是可以进行自我搭建。《攻壳机动队》里有句台词说"人类像是电子穿梭在那些插入大都会身体里的道路"，个人及社会结构也随着新社会地点和社会空间产生新的变化。因此，虚拟沉浸式交互平台为大众提供了一套虚拟时空开发路径和载体，并逐步降低开发门槛，向更多开发者开放。届时，更多的人将有能力自主地在虚拟网络空间中生成一个全息

图 1-13　Roblox

来源：https://www.deconstructoroffun.com/blog/2020/7/16/roblox-amp-beyond-the-problem-with-game-creator-platforms?rq=roblox

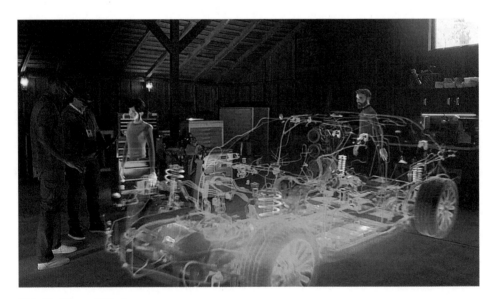

图 1-14　Microsoft Mesh

来源：https://www.zdnet.com/article/microsoft-shows-off-its-mesh-mixed-reality-collaboration-platform/

图 1-15　Microsoft Mesh

来源：https://imboldn.com/microsoft-unveils-mesh-its-new-platform-for-mixed-reality/

图 1-16　Meta Horizon 等不同定位的虚拟空间（元宇宙）体验平台 1

来源：https://www.tubefilter.com/2021/12/10/facebook-horizon-worlds-launch/

图 1-17　Meta Horizon 等不同定位的虚拟空间（元宇宙）体验平台 2

来源：https://m.thepaper.cn/newsDetail_forward_15310378

可进入的新场景，并创造性地定义场域内的空间语境和社交规则。

　　全新传播空间的第二个特点是：Web 3.0 技术被充分关注的背景下，促使数据传播的所有权从集中性的大平台向个体用户分散。这体现了下一代互联网参与者在平等享有数据归属权和数字资产确权、占地方面，提高了个体收益的期待和诉求。从数据生产者的合理权益如何被科学地保障，虚拟资产资源如何在公平环境下被合理分配，到数据更好地在虚实融合空间环境下激发创新活力和营造可持续生态，围绕空间平台制度的一系列问题需要结合社会文化环境、应用场景环境、信息与资源交换环境、用户个体环境等不同维度展开探讨，目的是保障社会整体的虚拟资源使用公平正义，创意的拓展和再生的秩序确定且完善。例如虚拟空间中用户通过平台提供的素材进行个性形象打造，虚拟化身的数据则归用户所有，用户可以被打赏和进行资产有偿分享。尽管相关业界主体高估了 Web 3.0 对未来世界的影响和改变程度，过度夸大所谓"去中心化"产生的实际效果，但这一所谓非中心的平台理念是影响建构虚拟交互模式思路的重要因素之一。如今，众多区块链、"元宇宙"平台的出现势如破竹，在社交社区的治理、交易方面，在建立可持续的社交图谱关系方面，在重塑内容开发者、社交参与者的生态方面各自发力，提出独特的模式和方案；特别是在数字网络领域发展集体陷入瓶颈的当下，前瞻性地占领新的疆域、获取新汇报是如今区块链、"元宇宙"概念热度"弱而不减"的核心原因。从个人社交网络打破了社交信息中心化桎梏，到电商平台开拓零售业平台化模式，再到各类直播平台让实时的所谓"面对面"互动成为新动态，每个人都可以成为分支的一点，也都有可能成为中心化焦点。虚拟空间中的"去中心化"并不是没有中心，而是每个分支都可能成为中心。用户可以通过虚拟化世界重新定义生活、结交新朋友、联结不同社区、以自己为中心构建虚拟化新个人空间。但虚拟世界并不是为了逃避现实世界而设定的，而是在规则层面合理设定来维持数字空间与现实空间的健康和稳定的动态平衡。虚实融合沉浸平台，兼具中心化和去中心化传播。平台本身具有内容、故事和框架，用户可以选择这些中心化的叙事；但同时，用户也可以根据平台设定成为"小世界"的创作者，创作出去中心化内容。每个内容具有高度自洽的特点，彼此可以相互连接、对话和传播。

　　第三个特点，也是当前内容行业变革的新变量，则是人工智能（AI）对数字资产生成和创建的介入。如今，人工智能技术以更为直接的方式介入内容生产，也就是生成式人工智能（Artificial Intelligence Generated Content，AIGC）所能产生的结果越发丰富和深入，对创建、改造虚拟世界和虚实体验的场景将发挥不可忽视的作用。现在，一些应用软件初步达到基于时间、地理位置、心情等为用户创建个性体验服务：根据平台提供的判断机制，让用户享受适合这个状态的内容信息；通过线上场景与线下用户状态的结合，满足用户需求，给用户带来具有沉浸感的用户体验。这种业态在逻辑上与下一代智能媒介的成熟关系密切：从 AI 生成 2D 图像、叙事文本及虚拟人等应用场景，到 AI 生成三维的内容，这些对虚拟空间的影响将辐射到空间信息建构产出、角色形象定制等各个方面，将降低用户内容生产门槛，提供更多用户选择，以更高的效率为用户生产提供服务。AI 视觉生成技术和数字孪生技术的结合，也将促进数字藏品、虚拟社区、数字人等行业不断涌现。当前，通过不断优化的算法算力以及不断更新的数据库，促使 AI 提供更快产出数据和丰富信息的工作模式或是辅助工具。AI 产出文字脚本和对话，影响叙事表达文本和语言信息。基于已有的各类大语言模型，对于文本对话和语言分析处理，对于图文生成的算法机制，AI 将结合视觉信息生成，影响和改变的不只是信息获取的渠道、图文信息生成与素材资产生产效率，AI 也将赋能场景搭建、虚拟人驱动和表演，创造灵活的实时虚拟情景和体验。在沉浸式交互时代，AIGC 的内容产生将以三维立体模型和场景的形式呈现，而非平面。也就是说，三维模型以更快的速度产生，甚至 AI 仅仅依靠文字描述就可以自主创建三维模型。这将为普通用户共同参与虚拟世界创建提供极大支撑。一旦体验平台所需的数字资源库、素材库与用户应用过程中的交互界面连通，就会迫使建造、开发虚拟世界的生产力和生产方式发生巨大变革。在 AI 驱动下的虚拟人领域，已有众多虚拟人的项目，比如设计个性化造型、演出演播、推广营销、服务引导等，但实际定位需要回归到人本身，为塑造各种时空场景的价值理念和价值需求而存在。随着 AI 赋能逐渐在模拟现实场景和空间的基础上，分析用户行为与需求，及时对场景和用户反映做出反馈，提高用户体验，AI 的介入将参与激发虚拟空间中发生的事件，客观上影响用户的行为，为用户的交互行为选择提供适当引导。在庞大、复杂且没有边界的虚拟世界中，在使用者迷失或目标不明确时，AI 以语音或虚拟人的形式成为重要的辅助导航者，成为虚实交融的时空情境中重要的助手，AI 把平台内容设计师的意旨执行到每个差异化的具体用户上，帮助用户进入合理的叙事或任务轨道中，将不可避免地参与到人们社会生活的各个角落。人工智能的迅速发展，不得不思考机器、物质、自然与社会的关系。机器发展模糊了自然与虚拟边界，甚至在某种程度上延伸了虚拟身体。

总的来说，这个变化的最大特点就是传播媒介从单一维度向空间、情境和多维度转变。传播学家梅罗维茨在《消失的地域》中谈及，媒介技术会营造新的情境，媒介环境与基于物理地域的社会环境相互融合产生新的情境。新型媒介以虚拟现实扩展现实技术为特征，被普遍认为是下一代个人终端计算平台，是人们连接虚拟现实与现实融合网络空间的窗口和工具。随着"全真互联网""元宇宙"概念的兴起，具有空间沉浸特征的虚拟世界与现实交叉混合的新网络模式的设计、新的体验情境的设计是基于社会空间中社会交往活动的时空模式的设计，而非局限于故事的讲述和画面的呈现。其中涉社会活动的规则、行为方式、社交关系，以及基于艺术设计思维的创新性交互活动，是新的社会地点和社会场域的创造。新的社会生活方式由此产生。

因此，媒介变化的最显著特征从动态影像设计向社会情境设计、虚实融合的时空设计的转变，从以屏幕为媒介的交互向虚拟空间交互转变。而新的时空设计、情境设计是由下一代媒介诱发的设计逻辑改变而产生的，并以此为最终目标。当体验者在参与网络活动时，不再是隔着屏幕肆意地敲击键盘，也不再下意识地划动着屏幕应接互联网平台或者算法推送出来的信息，而是从具身体验和需求出发，在沉浸式特征的虚实融合网络空间中，自主地探索，建立与人、与空间的互动关系。在互动中，让感觉、知觉、视觉、身体与外部环境达成一致，将内在的心理感受与外在的身体感知真正结合起来，引导交互行为的产生，在交互过程中实现心理学家米哈里·契克森米哈赖（Mihaly Csikszentmihalyi）阐释的心流体验，从感官的体验进入到认知和情感的体验与交流中，从而达到让体验者全身心融入、流连忘返的浸入状态。虚实融合社会空间以趋近于现实的交互方式，展开不同类型的社会活动和生命体验，可以让用户在不同空间中自由选择、在任意时空间穿插和行动，以顺应用户的不同需求。

第二节　艺术存在的维度与边界变化

微软首席执行官萨提亚·纳德拉在探讨数字世界时描述了让"整个世界

变成一个应用程序"的平台。这个平台需要建构体验和虚拟产品，吸引用户积极参与和使用，以丰富并拓展用户在现实世界可以得到的基本生活体验。基于新的体验内容的叙述逻辑，虚实融合平台的表达和创意脱离具体的娱乐交互产品、传统艺术作品，转而以艺术化、游戏化思维和艺术化观念作为支撑，设计更为广泛的日常社会活动和行动。在智媒时代，大众的表达不再禁锢于物质、实物、单一的媒介，甚至可以是特定的物品、话语、词汇。在交互作品 *SAY_SUPERSTRINGS* 中，艺术家通过探索脑电波和音符之间的关系进行表达，音符创造的旋律被定义成"物质"，旋律构成的交响曲被定义为"宇宙"，用"超弦理论"来解释物质和空间的性质，探索"振动"和"思维"之间相互的变化。虚实融合的平台不是避世之所，它应该与现实照应，用超现实的体验去拓宽生命的维度。因此，探索虚实融合平台的艺术边界，需要站在沉浸式媒介环境及系统性变革的视角下，从思维体系、逻辑内核的层面寻求转变，也就是从观念认知层面颠覆传统叙事框架和结构设计，提出新的叙事方案。

可以这样勾勒沉浸式交互体验的标准化模式：在未来虚拟世界平台中，用户可以在已有的素材库里挑选符合自己身份、心情、灵感、场景等的三维数字资源内容，也可以通过 AI 算法生成数字内容，创造新的空间。在创作时，用户可以自己完成，也可以与不同用户沟通、交互、互动、协作，甚至通过团队的方式一同完成。完成后的作品，可以在"市场"上进行分享、传播、交换等，通过自己想要展示的方式进行呈现和流通。当然，如果欣赏他人的内容，也可以进行交换、租赁和连通。这样，既可以"创作"又可以"享有"，让虚拟时空内的内容产出更为实时、灵活和多元。

过去，虚拟沉浸式平台上的交互方式是按既定内容播放和影像观赏式体验；现在，这个平台上的交互方式被非预设的、开放性的、社交互动式体验替代，也就是向内容创作、社会性交往活动、游戏性的社会场景转变。基于这一背景，艺术体验完整地脱离了艺术品的范畴，转而以隐秘的、非典型性的思维隐藏在整个体验过程中。同样，游戏理念和创意也脱离了具体的游戏产品，转而以游戏化思维作为支撑，影响日常社会活动和行动的设计。

时空交互的艺术思维以流程逻辑设计的形式发挥其审美功能，以艺术性思维和方法撬动日常社会活动的行为状态，而不是局限于传统艺术品的展示。这一变化带来的最大影响，就是弱化日常社会活动对功利性、目的性的过度强调，增强发散性和不确定性，进而把焦点瞄准于想法和创意，让各种功能和使用需求自然地融合，将现实生活中的交流、学习、娱乐、运动、艺术创作等体验任务功能，以独特的方式交织和对话。这种发散性看似走了弯路，实则更接近未来创造智慧化生产力的本质。

在虚实融合体验框架下，艺术创意营造了全新的社会活动氛围，重塑人们面对日常生活的心态和情感状态。

人类追求自主的、创造性的劳动和全面发展。生命的意义不是只对物质和财富的掌握，还要增加人生阅历，获得人生和思想境界的提升。虚拟沉浸式媒介提供了不受限于物质资源消耗、减少试错成本的机会，是一个更便于施展创造力和把想象变成现实的工具。人类应该把握好这一机遇，做更有意义的事情。

艺术诱发深入思考，催生创造性劳动，体现人类文明和智慧价值。曾经的日常生活艺术化的理念、情境主义国际化的主张在元宇宙世界或许值得重新挖掘。居伊·德波指出"生活本身展现为景观的庞大堆积"，批判被资产阶级景观制造的虚假欲望、迷恋疯狂购买的消费行为，寻求"情境主义"对生活的艺术化改变来进行社会变革，发出了"让日常生活成为艺术"的口号。构建情境需要创造全新的行为条件，把瞬间的情境建构从艺术诗境推进到建筑、城市生活的实际改变中去。

当工业化切割了日常生活和工作的时候，当现实压抑了人的情感、使人麻木、困顿、失去活力和创造力的时候，美学化的虚拟沉浸式体验就会重构生活方式，唤醒人的感知力和行动力，挖掘人的内在感知和能量，打破了工作、生活分裂的二元论。艺术体验不能以某种功能性方式被独立地定义和存在，不能被框定在一个固定的场景和固定时间段内，而应该把生活作为一个整体来看待，艺术感受、创造与表达的活动则贯穿在这个整体之中。

随着虚拟空间的生成，艺术创作与艺术边界也有了新的关系。艺术作品的形成在于艺术家用独特、个性化的表达方式传达普世观点和思想。艺术作品的创作者、设计师，在虚拟媒介中可以通过绘画、图像、影像甚至文字进行表达，但最终观众接收的方式都是通过空间加身体感受的形式。在这种新媒介下，尽管艺术家的创作方式不再受限，但都应拥有独特的视觉空间想象力。由此，虚拟空间中艺术创作的首要目的是为用户提供舒适和美的体验；其次，创作的内容不再局限于平面的美的视觉，更应该跨越单一信息的传递，兼顾柔和光影空间、声音空间、交互空间等，提升到时空体系、宇宙逻辑里，为用户提供动态的艺术氛围。一切事物都可以作为艺术品。在虚拟空间中，任何材质都可能通过无边界化的网络媒介传递给用户，都可能带给用户超越传统媒介的精神文化体验。任何形式的生活体验和行动都可能会成为艺术表达介质。这样，艺术创作与社会活动的边界就被打破了。

因此，重建艺术边界，更是重建人生与看待艺术的方式。在沉浸式交互体验过程中，那些日常的交互行为、社交活动甚至是严肃性的会场布置，都可以衍生出具有艺术化、叙事性和创造性的行为。此时的创造性行为在自然的交互下迸发。这明显区别于特定场合中正襟危坐的、有目的性的绘画、表演或者刻意表达的艺术思维，为探索新媒介环境下自主艺术的表达打开新的空间。

这里需要特别说明参与者身份和所扮演的角色关系。在新的沉浸式的交互平台环境中，所有用户都是共同构建者，是协作共创的关系。平台除基础维护的工作外，还包含两种角色——原始开发者和共建参与者。原始开发者指初始空间设计师，是内容生产者；共建参与者指广大用户受众，是内容体验者。二者虽然分工有别，但对于空间体验场景构建和内容生产而言，目标一致且同等重要。二者的边界更为模糊。原始开发者是在虚拟世界依据平台规则、要求进行基础搭建。基础搭建指的是固定搭配和标准配置，是原始设计师预设提供的内容，包括故事或事件，也包括空间场景的基础陈设、摆放的资产道具等。基础搭建要求充分发挥开发者的专业设计能力和叙事表达能力，不仅能更深刻地理解平台规则、内在逻辑和体验风格，也能从更广大用户群体的立场出发，带动更多人参与，激发共建的热情。而用户作为共建者，在体验内容的基础上建构和改造成自己需要的、想象的和个性的时空体验场景，丰富拓展内容，延伸这些场景的可能性，结合平台中的虚拟数字资源的普适性和自己个人化现实空间的物理属性，完成虚实融合的过程，最终可以进一步再创造、再丰富，再开发，实现二次创作、延伸设计，为平台的交互体验空间艺术化生产打开新的无限可能。原始开发者的基础与每位参与者的持续性增量，共同协作才能造就体验平台这种模式的可持续生命力。

虚实融合交互平台的搭建，如同提供一支无限画笔，通过对美的创造，连接割裂的生活和精神世界，让信息化场景虚拟空间资源成为连通独立场景的交叉口和黏合剂。虚实交互手段弥合割裂状态，让个性表达、创意过程以最朴素的行为贯穿于活动中。

如果说情趣是人生和艺术的中介，那么虚实混合营造的沉浸式情趣，则是介入想象与现实、人生与艺术、内在精神世界与外界环境的微妙中介和桥梁。交互平台的审美化，不在于具体艺术作品的装饰美感，也不是靠标准的艺术符号装点，而是串联艺术与生活的线索。艺术情趣体现在背后的体验交互规则之中，体现在空间与人丰富的关系中。新的体验空间拒绝无效幻想、彷徨，是反抗自我压抑的宣言，是真、善和美的系统体现，是顺应世事和客观世界的泰然。

生活的价值体现在生活态度和处世之道方面，是对待事物和理想的热忱、执着、投入和激情；是点燃生命力、创造力的微火；能激发出更多可能性，把人生趣味点缀在生活的所有角落。

第三节　内容呈现与叙事逻辑转变

虚实融合的沉浸式平台是个体与社会、人文与科技、现在与未来相互交织的复杂空间，既是大众"生存"的场所和环境，又是自我意识建构和"体验"的平台。从媒介技术的发展历程和交互技术的革新来看，每一个技术时代的变化都对人类文化产生了巨大的影响。随着传播媒介的范式转移，以往按既定内容播放和呈现影像观赏式的体验，向非预设的、开放性的、社交互动式体验转变，也就是从内容创作向社会性交往、社会场景与叙事体验相融合的模式转变。沉浸式平台既需要建立不同用户之间的连接，建立用户可以自我调整的关系链，又需要满足用户对自我形象的设定和叙事表达的欲望。因此，依赖于内容呈现维度的创新不能满足媒介技术发展、产业革命和下一代网络形态和体验形态变革的要求。基于电影银幕、电视和手机屏幕的内容表达逻辑无法适用于沉浸式传播、空间互联网以及虚拟世界与现实融合的跨时空交互体验内容的呈现。在虚拟与现实融合的媒介环境下，探讨创意内容的表现手段、叙事框架设计与下一代交互体验模式的关系，可谓密不可分。

人类学家丹尼尔·米勒曾提出思考："虚拟世界和现实世界本就是两个对等的空间。人们不是在学习如何使用技术，而是在学习如何在这两个空间更好地生活。"在虚拟沉浸式的环境中，用户不再被动读取故事，而是打造用户在虚拟世界的数字替身，并在其中为用户搭建书写自己的故事和经验的舞台。

沉浸式戏剧中营造的虚构环境具有一定代表性。虚实融合平台为用户提供了全新的生活环境。创建者及使用者对空间各要素进行重新寻找、发展、构建，所有构成要素都是活的，都是在不断发展变化的。《不眠之夜》《彼得潘的冒险岛》等浸没式戏剧，似乎都在探讨参与性、互动性，进而给观众带来体验感和沉浸感。这类戏剧打破了传统"舞台"的概念，使得表演不受传统时空限制，观众本身也是剧情中的一环。然而，尽管表演舞台有所不同，但整体观演空间还是没有变化。这如同虚实融合平台，打破了先前"我演出，你观看"的观演关系和"我创造，你体验"的互动关系，更倾向于"你与我，共融共创"的空间互动关系，为用户审美情感的自发感知、自主表达、自我发散创造条件。

因此，虚实沉浸式空间的建造并不是复刻现实世界，也不仅是在虚拟世界中体验千篇一律的内容，而是借助于虚拟空间，延伸用户现实空间的行为和意识，超越虚实的叙事。在这个过程中，沉浸式平台连接用户与自己创造的小世界。媒介传播内容和交互信息传递的变化促使了以下变化：交互逻辑从镜头叙事、视听画面的传统影视创作逻辑。向空间叙事和时空发展逻辑拓展；叙事内容呈现从导演决策的信息铺陈向观众自主掌控与选择信息转变；叙事的载体从特定的视听载体转移到以集体性交互行为为主导的媒介。

以空间叙事为主的叙事逻辑通过搭建空间场景、形式、导引，来控制空间事件发展、用户行为发生、用户情感转变；通过多线性的叙事结构，使用户面对多路径、多场景时更具有自主选择性。空间叙事逻辑的核心在搭建的空间中，通过空间内部的架构、质感、基调等营造不同场景。参与者完成了主动叙事与探索，同时获取独特的情感体验。创作者以埋藏的方式，将想要传递的信息，放置在空间环境中，等待参与者的挖掘。综上所述，沉浸式交互平台的叙事逻辑主要体现在两个方面：一方面，对同一空间场景及空间场景内部的复杂的信息进行排布，穿针引线般地展开交互式叙事；另一方面，用户站在空间外，对第三场景或多个空间进行的跨时空信息传达，使用超越物理限制的非线性、多时空、类似"虫洞"的叙事思维。

叙事主体、叙事顺序、叙事模式的改变，迫使源于小说章节或源于戏剧的结构框架不适用于未来新的交互体验。未来交互体验信息的过程，将以复杂信息捕获者身份参与到更多维度的叙事结构中。戏剧情节、先后次序的框架被重新定义。变化的核心在于强化空间感知的逻辑和浸入环境信息的逻辑，是体验者内心逻辑在牵引故事的发展。而在宏观视角下，整体事件的逻辑则回归于最本质的自然规律、最原始的运行法则，而非人为设计的情节桥段。

上述情况催化了新的叙事结构出现。这一结构更加顺应人的本质需求，顺应事物发展的规律，其源于对世界面貌高度的概括和凝练。虚实平台最重要的是沉浸感。叙事结构和叙事方式是为了服务用户体验，引导用户，通过临场感带来用户共情。此平台为虚实融合平台，而非虚拟现实平台。应该强调，该平台为平行于现实世界的虚拟世界，不是单一的游戏或影视媒介，而是集自然、机器、社会为一体化系统的数字媒介。由此，在虚实融合平台的叙事是可编辑的、多人共享的、高度沉浸的以及多重世界的，而从中提炼、归纳出一个最具逻辑性和体系化的叙事模型系统则显得尤为重要。人们始终需要故事。但故事不再是为满足人作为"旁观者、好事者"的需求而存在；故事也不仅仅是通过艺术作品载体而讲述，而是成为生命体验的整体，融入幻化到了每个人的全部生活中。

以时空体系建构的叙事新思路，是动态发展的事件，是没有边界的系统性体验。这种思路要冲破固化的叙事内容和经过编排的情节，让每一位参与者可以自由上下舞台，可以自主表演。用户体验和叙事内容的边界逐渐模糊，不再是分离的个体。用户具有身份感和互动性。在平台上，虚拟世界提供构造体系的"大宇宙"，用户完成自己"小宇宙"的内容设计，而整个平台就是由无数开发者个体创建的"小宇宙"组成的。在"大宇宙"中，设计活动和事件是以预设内容主题和预设事件诱发展开的；在"小宇宙"中，用户根据自我行为驱动和自主意愿，在尊重预设活动内容主题和规则的条件下，通过参与行动、完成目标任务进入叙事体验。

在这个过程中，通过举行集体性的庆祝活动、小型社交派对、情感共鸣所激发的联欢、竞赛游戏等，在文化精神层面，挖掘人在虚拟世界的连接点、交集点，凝聚集体价值认同的体验者。摆脱物理限制的虚拟空间搭建起新舞台，释放更大的活动自由度，不只是从现实世界向虚拟世界进行简单移植，而是更多新的社会关系、社会情感和需求网络在虚拟世界中自然缔造、演化生成。

同时，通过预设每个人背后虚拟角色的人物关系、出场顺序和背景，巧妙埋藏事件、激励事件，就可以让参与体验者或主动或被动地卷入其中，增加代入感。虽然设计者不能完全掌握故事的发展走向，但可以在规则框架内对用户的行动逻辑进行灵活的、多元的、差异化的设计，通过算法和大数据调度，高效地为每位参与者分别派发不同的任务引导和行动路径，获取不同的信息。这种方式、引导手段比现实中的活动千人一面的临场感知丰富得多。从每个用户终端中获得的信息、试听感官的引导都是独立分发、特别定制的。由于这种差异产生了不同的新的互动方式，让事情的发展按场域内的社交模式和互动机制运转，就不会脱离叙事目标太远。对于参与者而言，在不经意间完成一种全员参与的密切协作，参与者行为就被汇集成系统，单个行为的复杂状态就被集合成一个复杂但有序的系统，产生了"整体大于部分之和"的效果。

因此，其整合了新场景和多元的交互体验，破除分区分类的传统路径，摆脱影视、游戏单向度叙事思维的局限，寻求一个集体情感表达的叙事逻辑——既建立在基础行为规则之上，又更具灵活性、随机性。

第二章

观念重建：
文化意象传播载体和思想来源的变化

前文提到，基于数字技术的空间网络世界，是新体验范式和新交互方式的结合，是虚实融合的信息传播载体和共享共建机制。无论各大企业或机构所炒作的概念是什么，本质内核是一致的。在虚拟交互平台中，包含无数虚拟或者虚实融合的空间场景。当越来越多的空间信息撑满整个网络世界后，将可能会出现虚拟空间泛滥，从而带来一系列问题，比如体验内容空洞、同质化、水准良莠不齐，用户无从选择。若不同平台、不同场景之间完全处于割裂状态，则会影响平台整体性，缺乏空间之间必要的向导和关联；同时平台的规则过于开放，则体验者思路逻辑杂乱无章、信息混乱，尤其精神价值层面的问题更为突出，缺乏有效的纽带。当用户在各个时空之间做选择、空间切换、跳转的时候，这种不统一性和空间的过度泛滥无序，就会使其产生分裂感、选择困难，造成认知迷惑甚至身份迷失，就会破坏体验的感受和价值效果，产生负面影响。

因此，文化的力量、思想的作用则尤为凸显。通过文化艺术的介入，让空间系统的设计有了根系，有了文脉。平台的设计，本质是解决空间体系的整体与部分的关系。每一个小场景是整体空间的一个组成部分。在文化和思想的串联作用下，各部分之间协调、平衡、体量适当且逻辑合理，才能支撑整个平台的功能和价值。而文化内涵和思想价值不再是寄生于某个作品或某个体验，而是更深刻地介入到整个世界之中。

随着科技行业将虚拟时空平台的建设置于更重要的位置，在空间内的体验活动势必有较为趋同的虚拟社交方式和规则，需要建立本质的深层次的有意义的联系；但宏观看，如何将无数空间以合理方式连接、整合成统一的平台体系，如何让各个宇宙系统和谐并存、规则有序地呈现给用户，就成为十分重要的问题，且没有统一答案。

　　构建虚实融合平台规则的前提是明确标准，建立起能凝聚不同空间场景的统一规则体系，打造"和而不同"的空间体验；构建虚实融合平台规则的重要保障是建立合理时空筛选机制、分发机制、归类机制和求简凝练机制，打造"同而有变"的独特体验和空间生态系统。为虚实融合的平台打造有价值的交互体验，可以借鉴经典文化和思想理念，可以从中华文化中获得指引，以中国传统文化和价值观为枢纽，从中华精神文明线索中探寻时空结构和系统框架，为平台内容设计提供文化根基和理念依据。

第一节　交互体验呈现的文化意象主体转变

无论是虚实融合平台的沉浸体验的内容设计，还是新媒介环境下的新情境营造，本质上都根植于统一的思维框架和文化路径。思想和文化是建构多维时空最基本的逻辑和源头。从某种意义上来说，内容设计与情境营造是不同形态的两个产物，但二者的核心都基于多维度时空模型的形态延伸，具有相同的价值内核和规则：是多维时空共建、连接的虚拟世界的构建和设计，是超越具体事物的整体时空框架，是思维体系的设计。

虚实融合空间具有多元性与异质性、开放性与个人性、共享性与地域性、现实性与虚拟性等互为表里的特点，是文化凝聚的平台。因此，虚实融合的空间意向是从表象到系统的过程。

虚实融合空间是表层可视的虚拟与现实空间。环境是围绕着人群的空间，是影响人类社会的自然因素和社会因素的总体。现实空间包含了人工环境和自然环境，二者相辅相成，共同促进了空间实践和共生文化。古语有云"在天成象，在地成形，变化见矣"。人们可以通过天地"形象"感受"意象"。因此，现实世界的物质存在、形象可以表达意象，而意象的感知又与人本身的知识储备、经验、行为习惯有着不可分割的联系。这类哲学认知在科学界已经得到了印证："量子隧穿"现象描述了微观粒子在极其靠近一个屏障的时候，会穿越屏障跑到对面去。科学家已经观察到，在微观世界里存在特殊的多粒子耦合现象，它们会互相影响，相互作用，以看不见的方式外化在现实世界里。美国麻省理工学院终身教授文小刚提出，整个宇宙的本质很有可能就是由虚拟的量子信息构成的。现实空间是物质与现实内容的集合，是用户感知的必然存在。然而，虚实融合空间不是对于现实空间的虚拟化临摹，也不是让用户沉浸于数字世界，而是虚拟世界与现实世界重叠、外延的新世界。具有多媒体交互功能的数字新世界，既可以是现实世界的模拟，又可以是虚拟空间的再造，其目的都是为用户提供沉浸的空间。在这个过程中，不在于身体或物理沉浸，在于心理空间和审美空间的临境。近年，虚拟博物馆、虚拟会议、虚拟社交等场景项目层出不穷，但空间体验和虚拟世界推进共创或者用户再创的新趋势才刚开始。在这个新世界中，用户会觉察，自身不只是现实世界的存在体，不只是虚拟世界的旁观者，而是处在虚拟环境中，自由选择想要的生活。用户可以感知现实世界的形象，体会现实文化，又可以在虚拟世界中传播、创造新文化内容，建立新形象——从设计师搭建平台，到用户自发组织和构建虚拟世界，再到形成社群和社交。

因此，一方面虚实空间凝聚了现实空间的文化内涵与精神文明成果，另一方面虚实空间又体现了"新世界"用户的行为和集体意识。当前，各类虚拟展厅、数字孪生平台、数字藏品空间等虚拟平台不断出现，除了海外流行的 Roblox、VRChat 等平台外，还包括国内沙核科技打造的虚拟娱乐内容平台大千（VAST）（图 2-1、图 2-2）、ifgames 公司的 Hollow 平台等，为设计师、开发者或者内容创作者提供平台创建社交空间、游戏空间或个人空间，实现数字内容的连接与流通。

在《动物森友会》游戏里，玩家可以虚拟化身为村民，建设自己的房屋和岛屿，植树浇花，创造自己梦想中的岛屿，再造新场域，还可以创业工作，与邻居一起举行派对，与在线的其他好友交流，与现实中的朋友联机互

图 2-1、图 2-2　国内虚拟娱乐内容平台大千（VAST）

动，指引他们进入沉浸世界。除此之外，用户自己设计的服装可以保存在云端并获得代码。该代码可以分享给其他好友。获得代码的好友可以下载该服装。在构建的虚拟场景中，这款游戏满足了用户虚拟化身后的精神文化需求，实现了从平台到个人的逐渐转变。虚拟空间慢慢渗透到个人生活中，形成了"虚实相融"的平台特色。虚实融合平台的发展，破除了硬件技术参数和媒介工具的束缚，暂且放下了对 VST（视频透视混合现实）或 OST（光学透视混合现实）的技术路径的模式的争论。如今，各类混合现实终端设备在虚实信息分配与交互的灵活度日趋提升。从这个角度来说，虚实融合的体验模式通过平台化的内容传播，打通了空间中的各个区域。在虚拟世界中，空间不是只有一种终端、一条通道，而是不同独立空间拥有多条通道。每个用户可以根据自身需求前往不同的空间中。时间是流动的，带有时间性质的空间也是流动的，而且是非线性的，连接不同空间的通道也是在变化的。通过横纵资源整合，就能打造开放型的内容和服务型的共创平台。这就使得虚实融合空间的意向主体从对现实世界的模拟转变为虚拟世界临在感的营造和解决情境问题的新叙事方式。当然，这需要对现实世界有充分的了解，对人类历史和现在文化的传承，对用户思想和行为的规律有所厘清。

综上所述，虚拟现实融合平台是交互体验空间、关系空间以及社会情境空间。艺术家、设计师所关注的焦点，从物象本身转移到空间规则和秩序这个整体上。在此背景下，文化意象是虚实融合时空的认知取向，和文化内核互为表里。虚实融合空间拓展了时空边界，实现了"时空拓展"。

在新的虚实融合空间中，需要从精神意识上重新构建文化认同。实际上，人类的生存是人与环境交互作用的过程，在交互作用过程中形成的结构，既是社会的，也是空间的。一方面，空间体现出不可变动的特点；另一方面，它又在人类影响下发生着一定程度的变化。借助于新技术，文化空间实现动态体验，人们的身份更从旁观者转变为体验者。人与设备的交互、人与空间的交互、人与场景的交互不仅是虚实融合平台的特征，更是交互体验自然而然的过程，既丰富了呈现内容，又稳定了空间结构。

科学建构虚拟世界的逻辑不能摆脱对物质现实世界的认知和理解。从大爆炸的混沌到万物的秩序，人类命运早已与宇宙紧密相连。从本质上来说，人类诞生在宇宙一隅。人们始终处在这个宇宙不断运动变化的旋涡之中。虚实融合平台的文化意象是世界观、宇宙观的外化。虚实融合时空的体系设计是哲学观念和宇宙观念的一种呈现。

"元宇宙"构建的问题，核心还是宇宙观的问题，是哲学问题，是在宇宙认知框架内，在人类文明的理论体系中，寻求一条顺应万物法则、宇宙运行规律的有效路径。

第二节 文化意象中抽象观念和符号的具象化、空间化转向

在虚拟与现实混合媒介的社会环境下，建立一个顺应智能技术发展趋势的、多元文化的新时空体系，是对未来社会形态的思考和探索，是对数字化、虚拟化世界前景的构想，是为了满足人类发展需要，营造一个精神纯粹、体验多元的文化环境。因此，构建新的交互体验框架，需要把抽象的文化理念系统性、空间化、体验化，其中包含几个层面的内在逻辑和多个特征。

一、文化意向的立足点和基本目标

从设计角度来看，虚实融合平台中交互设计的目的在于在交互过程中引入可用性，使得用户在此空间中感到易用、有效且愉悦。从这一点来说，新交互体验框架要满足两个目标："可用性目标"和"用户体验目标"。具体来说，可用性目标是满足用户特定行为的。例如，在该系统空间中创作时能否有简单易行的规则方法就是能行性；使用效率高则是有效性；安全程度则是安全性；是否易于学习则是易学性等。文化、思想以及哲学意向往往是抽象的、不宜体察的。把深刻的思想转换成直观的体验是一个复杂的过程。随着交互设计的发展，虚实融合空间中的交互设计已不仅仅局限于使用效率和生产力，而更注重用户体验，关心用户在空间交互中的感觉，能否给用户带来

质量的提升，能否令用户满意、满足、激发创造性等，最重要的是能否通过沉浸式的体验，把文化意向、价值理念传递出去。

美学家布鲁斯·瑙曼（Brace Nauman）曾经指出："艺术表达不仅创造了接受的需要，也创造了满足这种需要的材料和接受的方式。"体验的价值在 VR 体验中呈现出一种内在的意义、一种特有的结构、一种个性、一系列特点，预先设计了内容接受途径、表达效果和对它的评价。在虚实融合平台中，需找到空间环境中变与不变的平衡，用潜意识引导用户审美、启发用户思考、提高用户的接受意识。当用户在空间平台真正体验到情感共鸣时，审美沉浸经验便已开启。

这就不得不解决交互体验框架中的关键问题——如何优化用户与空间环境、系统以及平台内容间的交互关系，从而使得这些交互符合要支持和扩充的用户行为，带来更好的用户体验。

达到易用性逻辑，可以从三方面思考：宏观上，思考空间环境的系统性；中观上，思考系统与物理世界的契合性；微观上，思考用户使用平台的控制性、自主性、记忆性、有效性等。1990 年，钱学森院士就曾将"Virtual Reality"译为"灵境"，并且深刻地认为，这一技术将会影响人类智慧、创造力的提升，进而超越物质，改变感知思维、科技和文化（图 2-3）。

在物理学中，根据标准宇宙模型，意大利拉奎拉大学物理学家祖拉布·贝雷齐亚尼（Zurab Berezhiani）阐述了暗物质的存在但不可见的原因是："隐藏于镜像宇宙中，镜像物质就是暗物质。"这又让"镜像世界"进入大众生活中。镜像世界与虚拟现实共同指向了一个有别于物理世界的未知新空间，即虚拟空间与现实空间的融合共生。因此，从宏观上来讲，在虚实融合空间中实现物理世界、精神世界和客观世界的时空拓展与重塑，是通过

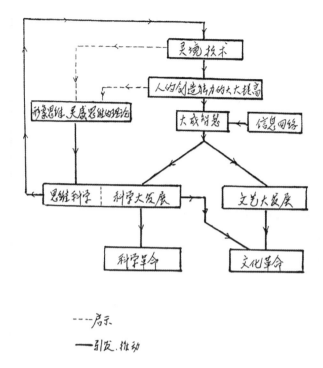

图 2-3　我国科学家钱学森谈虚拟现实（灵境）技术对思想、技术文化等各方面影响的思维导图

来源：http://edu.people.com.cn/n1/2021/1126/c1006-32293038.html

虚拟现实技术与数字技术构建虚拟环境与现实环境相兼容，是通过视觉、听觉、触觉等多感知性、交互性等，为用户打造沉浸式体验空间。从这一角度来讲，虚实融合平台连接虚拟世界与现实世界，建构新交互场景。从中观上来说，虚实融合平台模糊了现有平台边界。用户进入网络世界有了更多更灵活的手段，人工智能、大数据和云计算等的发展为体验平台提供源源不断的内容资源。新的用户行为习惯涌现。

　　由于虚实融合平台是多维度场景交织，因此新的互联网秩序和伦理亟待重建。这就需要兼顾物理世界与虚拟世界，加强人处理复杂空间信息、多维度时间信息、多参数综合信息的能力。系统平台能分辨并呈现复杂的时空结构、层级和逻辑，并清晰地被用户所感知。总的来看，这些信息结构是抽象的、混沌的，而沉浸交互体验是具象的、直观的。真正考验设计师的是这一从抽象到具象、从复杂到简单的转换过程。

从微观上来看，用户使用该平台是否流畅、是否便捷将直接影响用户体验。无线终端改变了用户交互行为，超越屏幕改变了用户行为方式，但用户使用平台过程中所需要的信息查询、信息展示、互动体验、传播分享等功能并没有改变。在考虑场地限制、眩晕感和设备等问题的基础上，实现数字世界和现实世界的无缝衔接，先要根据用户最基本的交互需求，判断用户交互行为动力，提出全新的交互方式，构建虚拟与现实融合的交互环境。

因此，一种能够让用户理解的系统描述应具备隐含的构思和明确的需求：描述空间是什么，系统应做什么，平台如何运作的思路。这个思想指导用户经验认知和思维认知，也响应用户与平台的关系，甚至影响用户具体的行为，如操作、对话、指示等。但这并不是指简单地解释系统的内部结构，而是指在思想指导下开发一个易于理解的时空系统映像。这个映像会响应用户输入，及时给予有用反馈，提供正确信息类型，划分信息层次。

虚实融合平台是能够引起用户积极反应的交互式系统，是更好传递文化内核的前提。让用户能够获得轻松、舒适、沉浸、享受的体验是关键。没有好的体验，一切文化精神都是无源之水、空中楼阁。平台体验交互的便捷性、功能的多元性、内容的丰富性、信息数据的智能化……都是保障用户易用性和高质量体验的基础。

虚实融合平台是用户的身份认同、价值认同和情感认同的需要。"无论身在何处，其实都在网上；即便孤身一人，但仍然在世界之中。"虚实融合平台便于用户交流、沟通。但该平台的出现并不仅限于虚拟世界，而是为了让人更好地融入现实世界，激发使用者更热爱生活。虚实融合平台让每一种生活方式都成为一座充满活力、别具一格的岛，岛与岛相连组成一个新大陆而非孤岛。这就要求虚实融合环境的情感信息与用户日常行为认知过程相符合，满足用户迫切的情感需要。艺术形式往往处于制定好的框架中，被"整体"予以了各种各样的限制，也可能是一种对理想世界的隐喻：在那个世界里，所有的人因为同一个信念走到一起，并共同生活在一个和谐融洽的社会里。对虚拟而非物质材料的设计而言，动态的和谐远胜于仅关注单一功能本身。总之，建构系统是平台设计的核心，处理和平衡时空内不同力量之间的关系，解决空间内各要素之间的矛盾：把抽象的理念认知，以空间思维和空间语言进行传递；把抽象的哲学符号付诸实实在在的体验。

二、条件要素

随着物理世界和数字世界之间相互联系、相互融合，交互体验设计应该更系统地发现信息之间、用户之间和平台之间的潜在联系。系统论美学启示：通过系统模式，应建立时空交叉的网络，体现主客交融的关系，把握静态与动态关系。因此，新的交互体验框架，在满足必要的前提条件下，需要新的基础要素和方向共识。

第一，应具有共通的框架、统一的逻辑基础和结构标准。这是形成模式的必然条件。对于虚实融合平台来说，需要将内容置于统一的思维框架内；

在体系内运作所有构建者统一的认知共识、行动共识是确保一套内容生产模式可行的必备因素。以电影领域的好莱坞模式为例，成熟的电影剧情结构，成熟的工业化生产系统，标准化的、相互通行的制作工具和商业流程，是整个体系正常运转逻辑规则。这套逻辑规则由集体共识产生。在英伽顿现象学中提到世界的四个层面：一是"语词—声音"层；二是"意象群"；三是再现客体；四是被表现的客体世界。对于建构虚实融合的多维空间平台框架，表现客体世界的思路逻辑系统是统一的；基本的功能层面、功能所赋予的意义层面、图示化层面要相互协调。空间与空间、场景与场景之间的关系度和密切度要逐一细化。不同空间的具象元素的相通性、共有的虚拟资产、可复用的空间资源、相互协调的空间句法规则，类似于城市规划、整体的顶层设计。系统不仅是一种思想，更是一种物质，或者说是物质存在的方式。亚里士多德所说的"整体大于部分之和"，不仅是认识论，更是方法论。在建构虚实融合平台中，更需要强调整体性、相加性、集中化等原则，通过综合化的思维方式，将各部分要素组成层次结构，实现系统综合。

第二，应具有广泛的包容性、世界性。新的交互体验框架建立在全人类层面和整体共识之上。因此，这样的交互体验框架既要承载多元化的可能性，又能做到和谐统一。在虚实融合系统中，应兼容不同题材、不同创意、不同风格的文化元素内容，匹配合理的位置，让不同特色的空间密切勾连，在形而上层面"统而不同"；应追求总体观念上的统一，而非内容和样式的标准化。《菜根谭》中有言："我果为洪炉大冶，何患顽金钝铁之不可陶熔；我果为巨海长江，何患横流污渎之不能容纳。"包容别人的前提是提高自身的能力。对于体验平台，兼容不同文化风格的前提是虚拟平台本身系统的完善。不同地域环境造就了文化的差异，但有效的系统机制则会创造包容的条件，拓展人的视野，从不同民族文化中吸取精华，不断发展。大到社会习惯、风俗、精神图腾，小到家风、个人生活起居的日常习惯，都与国家或地区的地理环境、历史发展、社会制度和社会形态有着复杂的关系。面对差异，一个完善的框架可以包罗万象。近年来，游戏等具有现代时尚属性，符合青年人喜好的媒介形式十分具有代表性。例如《原神》等中国游戏，不仅成为承载中国文化的新名片，也在潜移默化表达精神内核和价值观。一些作品设计的秩序在一定程度上对不同国家的世界观进行还原。可以看出，文化包容的基础是对世界不同国家、不同地区、不同民族文化的认同和尊重。

第三，应是可持续的内容生产—发行体系。虚拟空间系统若能持续稳定运转，需要具有广泛的实际使用价值和受众影响力。在产业化、广泛市场化时代，这是任何艺术形式所必须具备的条件和遵循的规则。电影和游戏产业的艺术形态都经历了以下转变：从初期粗糙的艺术试验到成熟可推广的产业模式的转变，从民族化到工业化、全球化、多元化、再本土化的转变，从个体表达艺术到面向受众的创新性产品的转变。政策的支持、经济环境的变化、文化的"百花齐放"、学术界的"百家争鸣"、传播环境的助力、全球化的发展等，都促成了这些变化。虚实融合空间具有自我调整、发展和革新的能力，能顺应经济、社会、市场规律等时代环境和规则。除此之外，稳定用户群，持续的内容创作模式和赢利模式，不同文化圈的发行推广机制，也是必要条件。空间是人们社会生产实践的结果，在虚实融合空间也如此。总之，这套机制就是平台生命力本身。每一位用户、参与者都是系统可持续运转的有机体，把鲜活的想法、新的理念、新的体验融到虚实时空中。

第四，应符合人类文明发展需要，能应对充满变数的世界性挑战。人类文明在不同的时期面对不同挑战。人不断通过发展技术、改变社会制度，找到解决问题的办法。面对全新的时代，面对更加风云变幻的世界和环境，人们依然需要找到新的工具和手段，应对新局面。一方面，人们寻找新能源、新材料、人工智能等新的技术工具，建立虚实融合世界等技术平台，用创新技术手段把握未来方向；另一方面，回归本质，在动荡中保持稳定和可持续。这为新事物出现提供合理契机，找到其出现和存在必然性的依据，解决新体系的"合法性"问题。也就是说，一个新秩序的出现和发展，必然是找到了应对旧模式无法解决的问题的方法，不然，就没有推行的理由和必要。现在的文化创造体系和运行规则不能适应未来发展趋势；旧媒介系统不足以解决和填补人类未来面临的挑战；新媒介形态及其规则对重塑秩序具备更多条件，来应对新内容系统的发展。

第三节　构建新交互体验逻辑框架的思想来源和内在逻辑

空间是文化理念和文化传播的重要载体。空间和文化彼此依附存在。中国传统文化内涵丰富、博大精深，其精髓在内而不在表。探寻传统哲学与新技术媒介之间的连接点，是构建带有中国特色的新内容体系的接口。《空间的生产》一书强调"空间兼具物质属性和文化属性"。文化本身是空间生产的主体。在这一情境下，虚拟平台被赋予丰富的文化意蕴。中国古代哲学家这样阐释宇宙："人法地，地法天，天法道，道法自然"。宇宙观不仅是中国哲学的基本问题，也是中国传统文化的重要根基。对中国传统文化的创造性转化，不再是表象层面的再生产，也不再是某个故事与元素的再现，而是从最深层次的哲学内核中挖掘中国传统文化的源头，以此为基础，适应当下和未来媒介的发展，以全新的面貌重塑虚实空间中的宇宙观、时空观和变化观。

一、建构虚实沉浸平台文化空间的逻辑

虚实融合空间是文化与环境的空间，承载着人类精神文明的智慧结晶。我们绝不是凭空独创一个孤立、虚无的世界，而是把古今中外的文明要素融会贯通，在此基础上形成新文明与新内涵。中国画是典型的空间文化意象代表。画家通过对空间的感受和理解，在二维纸面上，实现了超越三维空间的重现。这不仅是意境的表达，更是动态的、游观的、行进中的观察和感知。中国传统绘画的空间，给观众一种立体的、全息的、四维的感知体验。中国画的空间表达范式，不仅在于让人们感受到视觉空间，更在于让人们感悟视觉逻辑，体会视觉经验，传递精神信息。因此，虚实融合空间并不只是虚拟与现实融合的空间，更是文化传承、再现与创新的精神空间。任何新文明的创造，都需要历史文化的积淀。虚拟世界的文化内涵融入了公共空间与个人空间，既可以让用户获取信息，又是表达情感的文化载体。

前文提到，虚拟世界是平台与设计师共创的空间，体现设计师的态度，是设计师的个人空间，更需艺术表现与文化内涵的共造。个人文化与情感的空间体现创作者的态度，在平台上真正实现"艺术即生活"。从现实中来到现实中去，平台贯通现实与虚拟。这不是对现实世界的再造，而是创造新的秩序与文明形态。

新文明的创造也需要对现实世界保持尊重。因此，在该平台上可以体会到现实文化与虚拟文化的共性和关联，共同创造新的精神世界。当前虚实融合平台大多具有创作、展示、社交、交易、虚拟化身等内容，其体系更接近现实生活，本质上还是现实生活的虚拟延伸。但真正虚实融合平台的建构，是新的交互世界，是空间与时间的结合统一。"'宇'是屋边也""'宙'是舟舆所极覆也"，"宇""宙"代表了上下四方的空间和古往今来的时间。从这一维度来讲，虚实融合空间所代表的文化意象是流动的、循环的，是现实文化，也是虚拟情境，更是新世界意象。

虚实沉浸平台的文化空间重组

虚实沉浸平台打破了过去与当下的、远方与邻近的、真实与幻想的时空隔绝壁垒。虚实沉浸平台是用户文化生活中的媒介，是延伸用户精神文化的载体，也是与媒介内容创作建立深层联系的接口。技术与沉浸式工具的不断发展，可以让用户在身体没有移动的情况下意识发生改变。这进一步说明，空间不仅是用户活动的物理空间，也是意识、思维、观念等存在、改变、创造的文化空间。

在虚拟沉浸式环境下，用户可以在该平台的各个空间中穿梭自如，进行文化消费、交流、创造和交往。平台赋予了大众更为广泛、深入、自主的文化想象与创造。由于时空演进是动态发展生存模式，所以，当用户的一部分生活转移至虚拟沉浸空间中时，实质上人类也进入了多维时空。这一模式并不是现实生活的直接映像，而是通过时空秩序的重组，完成虚拟社会互动与价值流向，推进人文表达和正义召唤。

交互体验空间的使用者是人，承载了人的实践活动。人的参与是该时空的价值归宿。在这一共识下，重组的时空秩序具有以下特点：一是"在场"体验改变了当前"在线"体验的网络架构。在这样的时空秩序中，日常生活、思想、文化、艺术等都发生了改变，时空压缩感愈加强烈。用户在参与时更注重与场景的交互与体验。二是"在地"连接用户个体与虚拟社会。新的时空秩序下，每个用户拥有自己的沉浸空间，饱含着文化认同和情感依托。不同用户的空间相连，构成整个沉浸时空，是个人与社会的关系连接。三是"在境"让用户在空间中的思想、精神都得到了新的释放。情感、思维、规则在新的互动中生成、重组、建构。文化空间在过去与现在中推动新模式诞生。

以中国传统文化搭建虚拟时空

万物皆有变数，虚实融合的沉浸空间也不例外。我们可以从中国传统文化中的理论根源出发，探索虚实融合交互体验模式的底层规律。我们通过探索中国传统文化的天道规律、地道法则、人道准则的本源性认知，挖掘这些规律性的认知，来实现时空重组。虚实沉浸空间是连接人与万物的媒介，是一种力量场。在此空间中，人与人、人与空间、空间与空间是相互作用的。文化积淀越深厚，所构成的力量场就越强，文化空间就越有力。在虚实融合的媒介环境下，文化空间促进了文化的积淀与创新。

交互体验平台为用户提供多种易于开发的工具，每个人可以设计并建造属于自己的时空框架。在框架中，用户的感觉、知觉、认知、思维得到了极大延伸。在虚实沉浸空间中，文化生产既有世界观，也有实践活动；既是多观念联结的体验，又是社会关系与社会秩序的存在；既是开放的、联结性的媒介载体，又是价值力量和行动力的世界。这体现着空间能量的分布与流通：时空因素交相感应，相互作用，构成不可分割的一体。

中国古人曾将时间置于空间之中来思考与观察。举例来说，时间记录了地球绕太阳一周的时间；空间记录了地球绕太阳一周的过程。尽管不少物理学家认为时间与空间是各自绝对存在的，但在中国传统文化中，时间和空间既体现了能量的分布，又体现了能量的流通。跳出二者关系来看，今年地球绕太阳的一周，并不是去年的重复，因为时间在变；壬寅年不是辛丑年的重复，因为整个太阳系和宇宙都在发生位移和变化。

传统文化中时空能量的分布与运行，可以转化为虚拟沉浸空间重组时空的能力：以一种独特的方式看待事物本质、变化规律、天人关系。传统文化的概念、符号记录着先人看待万事万物、各种情境和自然现象的方式，以高度凝练的方式阐释人生哲理和事物变化法则。我们可以借助中国传统文化与新技术媒介之间的连接点，找到可能性和突破口，来编排和组合虚实融合沉浸世界的多维度时空，实现虚拟的数字空间与中国文化观念的融合。

二、虚实沉浸平台的中国文化空间再构

如今，中国传统文化的创造性转化，不再是表象符号层面的再生产，也不是某个故事、某个元素的再现，而是研究深层次的哲学内核，寻找思想的源头，以此指导当下媒介的发展，使之成为虚拟的数字空间，成为连接人、自然、社会和宇宙之间的新媒介。我们将从以下三个层面，重溯文化中的宇宙观、时空观、运动和变化观，推进传统文化复兴、正本清源、守正创新。

中国文化看待世界视角的空间转化

中国文化中，"位"与"时"合二为一，时空一体，是动态平衡的关系。

我们从中国传统思想文化出发，探索其中的天道规律、地道法则、人道准则，挖掘这些规律、认知、观念，设计虚实融合交互体验模式的底层逻辑。中国传统文化以一种独特的方式在看待事物本质、变化规律、天人关系，具有独特见解，以凝练的语言、概括性的符号记录着先人看待万事万物，阐释人生哲理，充分展示了对宇宙万物高度抽象化和提炼的成就。

首先找到文化与空间的关系。文化本身具备空间属性。在这一情境下，虚拟平台被赋予丰富的文化意蕴。中国哲学家阐释宇宙是空间方位的建构，认为宇宙万物是由金木水火土构成，而每个元素都有相应的空间方位属性，分布在东西南北中五个方位上。北京紫禁城的建筑排布充分体现了中国文化中对天地规律的认识：前三殿与后三宫的六大主体建筑正是《周易》中卦的六爻的物理映射，从乾清、交泰、坤宁这些建筑名称就可以印证。这本质上是文化在空间建筑领域的体现。因此空间逻辑不仅是中国哲学的基本问题，而且是中国传统文化的重要组成部分。

中国传统宇宙观和时空观指导虚实融合空间模式的思维

中国文化典籍完整系统地阐释了中国的宇宙观、时空观。在中文里，"宇宙"二字是时间与空间的结合，即分别代表了一切时间和一切空间。夜观天象，就是从星宿方位的空间认知建立起纪年历法的时间认知；日观大地，则是从日晷夹角的空间信息引申出记录时辰的时间系统。时空存在体现了天地万物运动与变化的过程。宇宙观的统一实质上是昼夜关系的统一，是时间与方位的统一，是动态平衡的体现。"易，无思也，无为也，寂然不动，感而遂通"，易是客观存在的；虚拟与现实融合的世界，同样是客观存在的。当人进入这样的空间，就可以跨出原有的主观视角，以物观物，体会客观的万物本性。

宇宙观的核心体现在"天人合一"思想中，建构了天地人的关系，参透了宇宙中人、社会与天地自然的统一与中道平衡。

中国人以不同方式探索宇宙的规律，探寻自然的规律，试图找到自己在自然与社会中的平衡。"人之天地也同，万物之形虽异，其情一体也。"一种选择是抛开自我的欲念和主观成见，透悟见"道"，涤除玄鉴，保持内心的虚静，让朴素的天机自然生发。而"道"又无处不在。另一种选择是在平常的活动中，感受当下，体会悟道。因此，从人生日常到体验社区，到虚实融合社会，搭建一个平台，把人所处的人生阶段和人际关系地位联系起来，把生活体验和抽象理念联系起来，就是把处境、身份、事件、空间结合起来。

人的位置和时间的先后相互对应，在本质上是统一关联的。在这套逻辑中，形成了宇宙全息载体的时空定位系统。时空一体、时空坐标也得到了充分阐释。

总的来看，中国传统文化对"阴阳依存，统一为道"进行阐释，推动宇宙万物的运行发展。再回到宇宙观的形态构建，即环合嵌套，向上发展。无思无为，寂然不动，遂通天下，人心合于天心，天人合一于刹那。在虚实融合的世界中，"我"与世界仍为一体。人更应该重视在沉浸空间中的自我本真状态，领悟自己在万物运作中的位置，体悟到人、空间、社会间的平衡与和谐。精神与物质契合的那个奇点，则是撬动虚拟与现实世界融合统一的支点。

因此，虚实融合的沉浸式交互平台构筑了全新的时空体系。在这个体系中，时间与空间相融，统一于虚实宇宙中。具体来说，这个平台具有以下特点：第一，虚实融合空间是一个整体，同频共振，瞬息万变。中国传统文化宇宙观也强调天地相通，从无到有，从有到一。虚实沉浸平台的重要特征是：既具有统一性，又划分不同场景，各场景间互通互感，不断变化。第二，时间是第一性的，正如《易经》所言：时间之本质在于变易。"卦以存时，爻以示变。"不同的时间选择都会带来空间的变动。沉浸交互体验空间系统的动态生产、空间转换、瞬息万变体现了这种时间性。第三，虚实融合空间结合了各家各派思想内涵、文化底蕴，容纳中国人生活方式和生活情趣，具有多面性。这在一定程度上丰富了虚实融合空间的应用价值。沉浸式平台具有物质性的一面，但也承载着精神性内涵，承载着多样的人生选择。第四，虚实空间中的场景发展具有延续性。中国传统文化宇宙观强调自然本性，自然生长，花开花落，开枝散叶。

中国文化中看待事物变化规律的运动观和变化观

中国哲学经典探究变的规律、变的法则。每当世界出现大的变局、新旧模式转换之时，这些关于变的哲理价值愈加凸显。正如《道德经》中述："有物混成，先天地生。寂兮寥兮，独立而不改，周行而不殆，可以为天地母。吾不知其名，字之曰道，强为之名，曰大。"天下万物生于有，有生于无。世界万物的"大"是宇宙的本源。在这个宇宙中，不同的情景、空间、场景不是固定不变的，而是不停止地运转、变化，无处不在而又无远弗届。一切事物始终在变化之中。静止是相对的，运动是绝对的。同时事物变化的速度、程度和方向在不同阶段体现出的状态是不同的。人们总要通过对实际情况的研判，尽可能准确地把握变化运动的状态。

当代无论是科技、社会环境还是国际环境都在激烈变化，人类世界面临大变局。网络空间与数字技术是当今世界的重要因子，其独特性和重要性不言而喻。虚拟技术、虚实融合的交互技术也随着整个科技、社会的变化而变化。

同样，在沉浸式技术生成的虚拟或虚实融合时空中，事物也在变化，甚至变得更加复杂。"天人之际合而为一，同而通理，动而相益，顺而相受，谓之道德。"体现天人关系的相通、相长与共存。"天不变，道亦不变。"宇宙不会停止运行，万事万物不会停止演化。当没有坐标系、没有边界的虚拟时空出现在人的生存环境中时，人类更易迷失在虚拟时空中。

然而这种变化并不是杂乱无章的，而是有其自身存在的规律与韵律。沉浸体验中的多种力量之间交互变化，此消彼长，自有其规律。因此，合理的设计时空关系，遵循变化规律，体现有序与秩序，十分重要，有助于引导用户思维方式转变，为生活提供指引。

总而言之，以此思路构建起的虚拟沉浸式内容体系框架，以开放包容的姿态，在尊重和保留各种艺术风格、表达意愿的同时，将改变现在创作中碎片化、无章法拓荒式的开发生态，搭建起较为整体的系统结构，不同内容之间的隔阂，并潜移默化地影响参与者，引入东方哲学观和世界观，拓展境界的维度，提升境界的高度。

第三章

价值正义：
虚实融合社会空间的行动准则和公正机制

如果说体验内容的设计、开发者提供的虚拟资产、行为数据，都是在虚实融合交互平台中发生的，那么信息的生产、使用、交换和交易等制度性、规则性议题不可避免地存在，其背后价值导向决定了交互体验平台设计的灵魂。而平台存在的意义和目的，就是立足于充分的开放性、价值性和包容性，保障所有开发者和参与者享有相对公平和正义的权利，尊重各方主体的意愿需求。

但现实的情况却是：虚拟世界和现实世界日益趋同，其内在的社会规则和制度层面的同构趋势日益增强，虚实融合的交互空间也不可避免地出现了与现实社会相似的运行机制，也被迫地裹挟进了规则正义和权利公平的问题。一方面，这是现实客观造成的：虚拟和现实同处于一个星球之下，不可能独立分开不受影响。另一方面，大多数网络数字平台模式是由大型科技企业所代表的资本规则影响和定义的，自然利益会更多向其倾斜。

因此，平台规则的制订要满足在虚拟或虚实融合空间场域下的公平正义，保障全体的利益，挖掘未来社会发展和人类文明进程的方向和定位，结合艺术与人文思维，形成一套以每个用户都能获得良好体验与内在提升为目标的机制模式。这是我国制度优势的体现，也是中国式现代化优势的体现。数字技术发展促使了"空间正义"这一概念议题从城乡、区域的社会学语境范畴，向虚拟叠加现实的媒介空间范畴延伸——以应对现实世界的复杂社会问题向虚拟世界转移的实际困境。

在 2020 年前后一段时间内，众多的虚拟货币或平台集中面市，掀起了短暂的资本狂热。CryptoPunk 头像、The Merge 等众多 NFT 横空出世，创下多项交易纪录。虚拟地产炒作火热，就连老牌知名厂商古驰、耐克、保时捷、麦当劳等品牌都推出限量可收藏的 NFT 产品。在这一阶段内，先锋者们认为他们似乎发现一个全新的创富工具：在资本的规则下，在另一个新赛道的击鼓传花游戏已经开启，赢得"游戏"只要让其传得足够久，或是套现足够快。而问题也随之而来：互联网诞生早期朴素的、共享性价值观是否还存在；通过技术普遍造福人类，促进社会公平、共同富裕以及世界共同发展的人类愿景能否在虚拟网络空间中存在；消费主义在当今互联网中无孔不入，同质化、符号化内容被批量生产，并都导向消费；而消费主义的弊端必然在互联网的作用力下无限放大，而人的隔阂、个人的局限性也被一同放大了；在丰富经济价值，资本受益的同时，如何兼顾规则公平和社会正义。

在新的交互技术和沉浸式网络世界的媒介环境下，重新拾起并唤醒上述理念，改变链上的围绕一串虚无数字"吹泡沫"的游戏机制，重拾以精神、创造力、情感价值为本的价值逻辑，保障每个用户公平地享有体验、交互、创造的权利，对树立空间正义的价值导向具有现实意义。

第一节　交互规则的价值导向

交互规则是每位参与者在虚实融合环境中互动交流的行为指南，是参与体验活动、使用虚拟资产、使用虚拟身份、分享体验、数据信息等方面的权利与限制。虚实融合空间内的活动没有脱离大社会制度，但同时也存在其独特性。抛开法律和制度层面的探讨，新交互行动与体验活动规则的背后是价值观念导向的结果。技术发展带来艺术重构。交互规则的构建更需考虑用户使用习惯、使用场景、用户需求等内容。在参与者使用时，不仅可以知道"发生了什么"，更可以引导大众思索"为什么发生"，更重要的是赋予大众探索"怎样发生"的自主权。

其实，从以网络游戏为代表的娱乐交互体验的发展就能看出，具有经济性质的活动早已在虚拟空间内部出现了，甚至逐渐形成一整套经济系统。早期的电子游戏以赚取金币换取稀有的、高价值的游戏装备作为机制，形成了经济等级秩序的雏形。随着游戏体验的进一步丰富和开发者不断的设计投入，游戏活动中出现了劳动的分工，有生产活动，也有交易、消费活动。在这个过程中也出现了装备市场的"通胀"，是由于虚拟资产过量放出，令定价与虚拟交易价值差异和变化不匹配产生的。从某种意义上说，需要市场的机制来解决交易的价格变化和浮动，确保虚拟市场运行。另外，在不同游戏世界观之间货币交换定价、虚拟资产的确权、使用权、定价权等系列问题也接踵而来。随着数字货币、区块链技术和规则的进一步发展，虚拟世界中的所设资产的确权问题日益重要。由此产生了基于区块链、智能合约概念的

"非同质化通证（NFT）"概念的发展。数字艺术藏品、数字货币等虚拟资产正在打破传统的艺术生产模式。故宫博物院也推出了系列数字藏品——以故宫博物院馆藏文物为原型，推出具有独特设计的虚拟产品。有意思的是，这为不可交易的传统艺术文物拓展了一个可以交易、允许买卖的新通道。

由此可以看出，在整个虚拟空间内，随着需求和社会价值流动等功能的发展和丰富，经济活动发展正在把现实世界的经济模式和商业机制向虚拟空间延伸。开发者通过掌控虚拟资产的生产工具、发行数量和发行机制，通过设计一套似乎合理的交易闭环规则，促使每一位参与者将注意力聚焦在虚拟资产的交易价值上，期待从中获取收益。

而智能合约、NTF概念的目的，就是通过分布式、非中心化的手段，将少数网络平台掌控用户数据信息的权利和发行渠道，向更广泛的开发者开放，让每一个人都拥有对虚拟资产和信息开发、所有、定价的权利。因此，虚拟空间中的土地、数字艺术品、服装道具，都在朝着可交易化、代币化转变。显而易见的是，新一轮"跑马圈地"房地产资本游戏从现实世界向虚拟空间转移。而有限的物理资源叠加功能转移到非物理环境的虚拟世界时，就只留下符号价值。同时，出现了这样的案例：国际知名奢侈品牌将其符号以资本手段注入虚拟世界，人们主动为消费主义符号的虚拟衣物买单。这似乎是当今资本世界规则的一种延伸，像一面镜子，映射着现实世界的经济状态。

对此现象，站在不同角度产生不同的认知。从个体而言，依赖区块链技术通过电子证书确权的方式产生的虚拟资产所有权的交易赚取差价，获取利润，确实能产生一些收益。但是，从人类整体视角看，这种原生与虚拟世界的数字图像的交易，实质上是一串虚拟的二进制数字在不同设备之间翻转腾挪。在这个过程中，几乎没有生成新的应用价值、功能价值、精神价值、创意价值，尤其是当过度符号化标签作为凝结资本价值的载体出现在"元宇宙"中时。

但回顾历史可以发现，互联网技术在诞生时的初衷，尤其是早一批互联网极客所秉承的理念，是公平的信息共享，维护信息的高效传播、社会生产力的网络，保障人类文明保存和传播。区块链技术的目的，也不应该脱离对精神、劳动、创造和想象力的保护，不应该以"去中心化"和平权之名，用数字加密交易等新技术手段和技术工具，玩起权力的游戏：把价值从一个权力中心转移到另外一个权力中心，筑起新的帝国。

人们期待的下一代互联网的核心，应该是：每个人从中公平获益，延续人类文明智慧的进步，坚守互联网平等共享的理念和初衷。数字网络时空中价值信息，归全体人类所共有。价值成果属于每一个参与者。参与者都有共同获取虚拟信息、获得虚拟空间体验的权利。不能由于虚拟资产的购买和占有，剥夺其他人体验的权利。

通俗地讲，如果说虚拟世界的信息和资源是美丽的朵朵繁花，那么此平台所提供的不是被私人摘取、分散占有的花枝、花束，因为在击鼓传花的游戏中，每一束落单的花朵终有蔫了的时候，就不再拥有价值。而真正的平台应该是一片花海，是供所有人参与观赏的乐园。个人无须占有某一束花。此平台的价值体现在这样一个整体当中，是全体用户自由共享的全局性的体验，集体性的精神感受。不该受限于那所谓"昙花一现"的资产所有权价值，而是凝结在永续的体验、欣赏、创造性行动中。

因此，从长远看，真正符合价值趋势的平台规则是凝结数字资产和虚实体验背后的思想价值、科技创新价值、情感价值和社会行动价值，是"劳动创造价值"的数据观，鼓励和保障创造性劳动地位，而不在于那虚无缥缈的资产模型本身以及其符号价码。

而对于个体而言，每个人有权使用并继续对数据进行合理创新和拓展，同时合理合法地保护自己的创作知识产权和数字信息隐私，通过创造性劳动获得相应的收益和奖励。

这里体验价值指的是为在虚实融合情境获得的审美感受而支付的创意劳动价值。为审美体验支付成本，是对虚实融合沉浸式空间中的内容生产和创意劳动的肯定，来保障更好的审美价值输出和更好的审美体验。

建立交互规则制度是价值观导向的充分体现。规则设计的导向应摆脱单一的、具体的虚拟物品，改变以符号价值为特性的所有权交易模式，弱化其在虚拟的经济活动中的地位，让人们对这些符号化的虚拟资产占有、获利的兴趣，转向设计和缔造审美价值的载体，成为人们获取人生价值、社会价值和现实成就的动力。

第二节　合理公正、稳定安全、开放多元的 技术标准、数据模型与智能合约

当前，围绕开放人工智能技术标准、大模型算法、XR 平台的接口标准、3D 模型与数据资产的格式标准，各大型企业和行业巨头都在较量或者合作，

想要在行业变革和发展关键节点上，占据制定标准的话语权。随着技术的初步成熟，一些标准已经成为这一领域继续完善的基础，潜移默化地在制定行业规则。在混合现实行业，Open XR 是开源的，链接跨平台设备和应用层 API，已获得大部分主流 XR 硬件企业、开发软件等企业的支持，旨在减少应用程序重复开发和迁移成本。

另外，围绕 3D 内容格式的标准化问题，苹果、英伟达、皮克斯、奥特克等多家公司联合成立联盟，推广并意图确立 OpenUSD 的 3D 文件格式行业标准。这一体系将以开放开源、互操作性、高效灵活为特色的 3D 时代的互联网标准，更好地联通各工具平台，促进创造力和工业数字化生产力。通过开源的 3D 模型和数据格式，让 OpenUSD 格式从皮克斯公司私有的电影数字资产模式，演化为下一代互联网协作共享、编辑制作、可持续创新的国际通用标准。随着生成式 AI 的发展，3D 内容生产必将是 AIGC 的重点。OpenUSD 的标准将优先适应这一方向。

2023 年，国家针对"元宇宙"行业健康发展的需要，加快相关行业标准、技术参数与学术术语的规范化，确保行业规则清晰完善，凝聚共识、管控风险，避免概念滥用、表述混杂带来的诸多衍生问题，保障行业良性有序。

除上述标准外，区块链领域的智能合约标准、通用人工智能的大模型标准都有统一化规范化趋势。一些完善的标准逐步形成。合法性被放在优先位置，例如某 AI 图像生成公司已经拥有超过五十万张 AI 训练用的数据图片的合法授权，确保数据集干净安全。总体来看，各种形式技术标准和协议的设计将开放性、协作性和高效性作为核心，必然会加速行业联通和跨平台联动。而这一趋势会把以下问题摆上台面：行业标准制定的内在逻辑动机、行业公平性、技术民主化、标准的包容性、新技术壁垒、利益分配等问题；个体内容创建者在适应便捷技术工具时是否公平地获得利益。

开源并不简单意味着公平。标准的内核在于兼顾高效与创新、开放与交融。标准的设计不能为后来者设置技术屏障，不能从中榨取个体创造者的合理利益或隐私。虚实交互平台搭建不可避免地连接数字资产格式标准、生成AI模式，对接各厂商硬件的接口行业标准，对接内容软件标准，因此需要为全体参与者服务，提供合理合法、公平正义的数字合约和程序机制。在这些机制和标准的选择和确定上，要在保障隐私性、安全性和便捷性同时，凸显信息资源共享——平等的开发权、使用权和分享权，保护知识产权归开发者个人所有。平台不能从规则层面获取经济利益。智能合约要在保护用户数字身份、准入数字空间门槛、提供公共性服务层面发挥作用，而不是依赖虚拟物品交易获利。保障标准要回归开放和信息公平性本身，保障个体开发者和内容生产者的权利。

第三节　构建虚实融合网络中的空间正义

虚实混合现实空间的核心特征是共存和链接，是互联网的升维。空间的流动性与在地性，以具象形态联通起来。流动性的增强不会因网络全息化而产生新的空间垄断和封锁，是消除信息茧房，而不是制造空间茧房。

最终，平台力求通过虚实融合手段、数字孪生技术，在不同城市之间、城市与乡村之间建立实时、同步、全息的连接。人们可以同时出现在城市和乡村，同时存在于不同的社会环境中。这就打破了区域限制和信息隔绝，同时保留了地域文化和生活模式的相对独立性和特殊性。因此，虚拟沉浸远程呈现技术首先破解的是空间信息不均衡的公平问题，进而向空间内生产资源的共享权问题延伸。

随着空间理论方向的变化，人们把空间理解为自然属性与社会性的结合，也更注重空间的社会建构，把空间定位为人与空间、社会与空间之间的联系。在这个过程中，正义理论建立了空间的连接，从空间维度寻求资源占有、空间权力，实现基本权利的平等，解决在空间场域内的各种矛盾。

"互联网之父"伯纳斯·李认为，互联网最具价值的地方，在于赋予人们平等获取信息的权利，而不是生意。在他看来，互联网是沟通、交流和学习的工具，开放给全人类，让人们便捷地获取信息和知识，提升智慧。然而，在数字化、系统化、空间化特征日益明显的网络环境背景下，沉浸式技术的发展给人们来带愉悦的心灵体验，同时，资本的扩张也借助这一技术媒介，但是距离初心越来越远。朴素的、个性化的体验受制于大平台、大资本。在物理空间已经扩张接近饱和的情况下，资本进一步向虚拟空间扩张，通过沉浸式技术进入更深维度。用户面临新的考验：均衡地享有沉浸式网络空间的权益；在合理合法的情况下平等地拥有开发、使用和传播的权利，包括虚拟资产与信息的建设权、使用权和分享权等。可以试想，在新一代互联网环境下，虚拟空间的数据信息从扁平向立体转变，那么空间生产也就让网络世界的生产活动从信息咨询和数据的生产，变成虚实融合空间内全要素的生产。新形式的空间分工、空间等级和空间分配必然出现，催生新的空间矛盾。

平台的机制规则，旨在既调动人朴素的创造力、真实情感的表达，同时尽量避免空间使用不公、平台霸权、信息与隐私安全泄露等。互联网空间所承载的信息是人精神的诉求和满足，挖掘更深思想维度的诱导。这一层次远大于对"本体"代码的占有和在社群中"炫耀"的价值和意义。

真正的目标是：建构内容创作系统，为每一位用户提供基于原始空间和体验内容衍生的、可自发创作的内容创意，提供"涌现式生产"的空间，保障用户平等参与生产和实现价值的权利。设计出一条生态链：从初始平台内容开发者缔造内容，到用户集体参与延伸创新、附加价值锚定，最终对原版时空体验进行迭代创新。

因此，基于中国国情和时代发展需要，围绕虚拟世界中的三维空间网络数据和交互行为数据，建立科学、合理、公平、正义的数据流通、延展和分配规则，保护用户群体公平的权利，是平台建设的需要，是实现"业者有其数、数者有其得"的需要。

一、虚拟空间内部规则的正义性

虚拟世界空间来源于广义现实世界的环境和模式，同时也相对独立地存在。人们已经在广义的虚拟世界中耕耘多年。今天的互联网实践已经通过资本手段将多种不公平制度法则带入虚拟世界。全息化的虚拟世界尚属于早期阶段。规则的制定和标准依然存在较大空白。规则制定阻力较小，尚有更多条件从出发点、根源上明确规则公平正义的本质，从对人类社会整体利益负责任的角度进行全局规划。

因此，虚拟资源的价值需重新定义。定价规则既不能照搬物质世界生产力、生产效率与资源稀缺程度，也不能依赖炒作能力和消费主义的标签和符号。不是通过制造热点，人为地给虚拟数字密码指定价值，而是将"交互体验过程对人的智慧启迪、精神价值的促进贡献"作为定价标准，交互体验过程对人的创造力的激活能力，对更广泛人格的发展的作用，来评判虚拟资源和虚拟空间构建中创造性劳动的价值。这符合人们对虚拟世界资源开发的需求，也是人的价值的最终体现。

总的来看，空间的公平正义以及价值判断涉及几个方面的问题。

第一，虚拟资产的设计与生产权如何实现空间正义：虚拟空间的设计建造、虚拟资产在生产过程中的生产关系问题；虚拟空间的管理问题；对服务器等基础设施的建设和维护所产生的有形生产和无形生产是否遵循公平正义原则；是否存在价值标准制定的垄断和数据资源浪费等问题。

第二，虚拟空间内空间资源、虚拟资产资源的分配和使用权的公平正义：虚拟土地、虚拟空间资源的占有使用；虚拟物品的价值、使用价值的判定标准；使用者是否拥有合理分配获取信息、享用数据资源、流量的权利，是否拥有对资产灵活使用等权利。正如前文所述，设计师在虚拟世界中设计各种各样的场景空间、各种要素和资源，供受众观赏、使用、体验、交易，但问题在于：呈现在数据链上的价值载体是什么，交易的内核是什么。至于如何交易、如何定价，则需要建立在空间正义的基础上，进而确定物质资源与虚拟资源的价值转换标准。在虚拟空间中，设计师创意实现完成后，还需要建立与世界的接口，把虚拟资源进一步运用于现实世界之中。除此之外，虚拟空间中的海量数据及资源被个人或者群体占有使用。平台与用户各自承担什么角色，对于虚拟空间内的资源来说，也需要平台与设计师、使用者约定空间自治条约，便于资源创造、使用、共享、流动、交易和保护。

第三，虚拟空间是否尊重多元文化，是否包容不同群体文化习惯和风俗：非主流文化的传统民俗、风土人情在虚拟世界中是否受到排挤，是否能与其他文化共融共进。虚拟场景在和现实连接的过程中，产生了与所在地的社会系统、人文系统的关系。包容性体现在对各地域价值观、信仰习俗的融通。信息越流通，文化壁垒越薄弱，文化公平则会遇到更多的挑战。虚拟环境的发展也在国际化、全球化与在地性之间的冲突中进一步加深。人群多元、文化多元、生态多元，或将引发文化重构和再生，避免加深文化偏见、文化隔阂。

而公平正义的关键在于权益和权利的所属、分配和定价问题。为此在规则制定上要遵循如下原则：

一是重新调整虚拟资产的知识产权、定价权、使用权和管理权定义，破除物质世界占有或私有权思维禁锢，坚守互联网"共享和服务"的核心内涵。

开发者创作出全新的体验情境和内容。他们的劳动成果是知识产权，而非资产所有权。知识产权归开发者所拥有。一个虚拟资产一旦被创造，不应隶属于任何人。从宏观来看，一串数字被封存在一个账户之下是没有任何意义的。有价值的是凝结在这串数字背后创意的实现、内容的表达和信息的传递。虚拟资产的精神价值、文化价值是人类文明的共同财富。

一方面，交互体验平台权力下放，抛弃掉传统所有权和个人占有思维，让每一位用户都可以通过支付低廉价格，也就是通过平摊开发成本和基础设施价格的方式，或者以购买数字门票（智能合约）或虚拟订阅服务的方式，获得准入虚拟空间的权利，使用、体验所有数字资产，并进行自我个性化再创作。用户一旦购买使用券获得使用权，就拥有了在虚拟空间中无限体验和观赏虚拟场景的权利。交互体验平台把享受人类文明成果的权利赋予更广泛的用户，让他们充分地共享、参与虚拟情境空间和自主活动。

另一方面，对开发者创作、二次创作、开发者新创作的增量的知识产权进行确权，保护创作者的成果，对知识产权拥有者的贡献给予回报。

这里需要解释的是，交互行为记录以及创新过程遵循小范围、慢迭代原则。小范围，指的是每个用户所产生的创造性互动数据，只在私人社交圈内产生影响，邀请亲密朋友共享体验，而非上传迭代版本供给所有人分享。慢迭代，指的是用户初始体验基础上，自发创造了更有价值、更有前景的成果。这些新数据、新虚拟资产在经历了时间考验、经过了广泛用户的亲身检验、得到社会规范的评判后，可以在原始开发者成果基础上，推出面向所有用户的系统性迭代空间的版本，丰富原有的体验内容。这一思路设计的原因在于，尽管人人都平等享有这些空间的体验权，但范围是用户私人社交圈，具有空间范围的相对独立性，而非全网络共享。既要保障虚拟体验内容的开放、可持续，保持自我再生活力，又要兼顾空间内的相对稳定性，二者相对平衡。既要避免空间体验内容一成不变、缺乏活力，也要避免背离原始开发者的表达。

通俗地讲，这个过程好比原始开发者提供虚拟场景"样板间"，用户在使用过程中，自发地或不经意间地改变了空间，增加了样板间中的陈设，更新了样板间的版本。有些自发的实践版本在小范围社交活动中没有被认可，没有提供更好、更有意义的体验，则会慢慢消逝；有些个性化版本的样板间拓展了原本样板间的可能性，提供了更精彩的诠释，经过小范围体验的多种考验，被用户、体验者、平台系统甚至原始开发者所认可，就会在更广范围内传播，这些个性化版本的样板间就会成为后续用户的新选择。

因此，一般用户对自我需求和价值实现具有尽可能高的掌控权，有权支配个体所借用的时空处置和管理权。虚拟资源以数字分身的方式合理分配给每个有使用需求的用户。个体通过基础的使用协议就可以获得使用权，体现于较高的私密度、边界感。用户在自己的小圈子里分配和管理这个时空的使用方式和体验模式。不同用户根根自身需要，各自安排，互不冲突。也就是说，共享权不等于所有人挤在同一空间里，自由使用，根据个人意愿改变空间内容和布局，而应避免抢夺数字资源、相互制造破坏，同时保障隐私。

用户二次创作开发的内容、虚拟资产和体验数据，在经历小范围受众的体验和实践后，会收到用户认可和积极反馈。这些新创造出来的信息就会被推至更大受众范围，在获得原始开发者、二次创作用户授权许可的基础上，成为正式迭代版本，被分发给所有用户。此时，二次创作开发的内容使原始作者的作品有了新的生机，为原始作品引流，具有极大的传播效果。当然，二次创作并不是创意剽窃，而是通过激励机制让用户根据自身兴趣点发挥。这对原始作者来说，也是掌握宣传能力的重要方式。

二是虚拟资产价格评定的标准发生变化，打造"创造性价值链"模式，把"创意再生指数"作为价值程度的定价方式（图 3-1）。

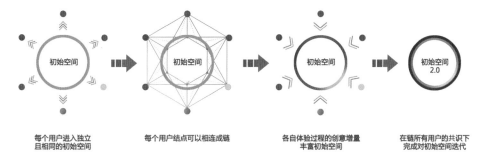

图 3-1　创意价值链形成与创作、再生的演变过程

　　虚拟资产不同于现实实体，失去了物理层面的使用价值和功能，拥有无限复制的技术能力，但市场属性依然存在。因此，价格波动不应依赖于主观设计的游戏规则，更不该由品牌符号、消费符号决定价格，而应该取决于用户体验，比如生命感受、精神价值、内在提升、心灵的庇护等。这一部分往往被忽略。"价值链"是价值标定物的链环。价值标定物是精神世界的财富、美好的经历、独特的人文体验。这些财富、经历、体验能提高人们认识现实世界和改造世界的能力。体验的整个过程是价值存在的载体。价值的核心体现在开发者的设计创意使广大用户、体验者获得精神层面的感受。所以应该以感受价值来评定价格。

　　问题核心是要找到更准确、更客观的判定创造性价值高低的方式。"奇文共欣赏，疑义相与析。"在欣赏优秀作品时，读者会形成不同的观点，表达不同的感受。虚实融合沉浸平台赋予用户"创作者"和"体验者"双重身份，让激发二次延伸和再创的机制得以运行。当用户将自身经验投射到作品上并被作品感动和启发的时候，则会结合自身认知和经验，对作品进行拓展，即进行二次创作。"创意再生指数"依据用户二次创作或增量开发成果来界定虚拟体验价值标准。这个标准体现了虚拟资源对智慧启发、想象力和情感激发的贡献大小，不使用个人投票、点赞等作为评价规则，也不是各类虚拟货币、NFT滥发的游戏玩法，避免受到"买量、有偿拉票、资本炒作"等人为干预，避免受到异化、污染甚至造假的数据影响。一旦经济利益和用户选择挂钩，就难免出现背离用户心理认同和审美喜好的状况。在这种利益驱动下，投票的推荐和筛选机制早已异化，创作者成为傀儡。这与公平正义和人类全面发展的理念渐行渐远。在虚实融合沉浸平台，用户进行二次创作的过程是用户对原始开发者情感认同和内在欣赏的直接体现，是对其劳动成果的精神奖赏。在这一过程中，用户经历原始体验空间、充分体验感受后形成自己独特的见解并进行延展，在不歪曲、不诋毁、不窃取他人劳动成果的基础上，为了个人爱好、成长、欣赏等进行二次创作并发表作品。用户进行二次创作同样花费心血、凝结情感、发挥想象。这个过程是点赞或投票无法比拟的。这样的用户是"参与者与创造者"双重身份的具体体现。

在用户的语言和行为中，动态感知和精神受益的部分才是凝结在数据链上的真正资源。标定价值是平台行为的重点。用户在虚实之间获得体验的过程，享受艺术，探索数字内容背后的人文精神。因此，虚拟资产的基础是数字平台，核心是数字内容，数字内容又离不开虚拟场景。数字技术与人文精神的互动，将数字的基础内容推向虚拟内容与人文精神相互交织的世界。正如《空间的诗学》一书所言："空间并非填充物体的容器，而是人类意识的居所。"

三是对于创意、灵感这些抽象价值的精准界定与重新定价。

对用户的再生产和再创造进行确权登记，也就是对他们的创造力增量部分进行确权登记，在此基础上制定用户体验和感受价值的标准。这一模式可被称为"虚拟资产创意增量标准"。也就是说，虚拟情境设计师和时空开发者，可因其创意、想象力、活动实践、生产实践拥有署名权和增量收益的权利。但不能用数据手段控制虚拟资产复制数量，不能用人为造成稀缺程度和供需关系的手段来控制定价标准。物质世界的稀缺性是客观的，而人为设计的禁区密码是刻意的、违背互联网共享属性的。不应依赖虚拟资产所有权交易、出售中产生的差价获利。虚拟空间的体验权利应被所有人共享通过用户感知和价值认同机制，系统判定、记录并量化用户的生命体验感、精神价值，对用户的创造性再生产或自然流露的"二次创作"成果进行科学合理的评定，以此作为获取回报收益的评价标准。同时可以借助区块链技术，准确记录创意链上的每位间接开发者创造的有意义的部分，并为创意增值的部分专门设置"增量知识产权"内容，并有权为此获得合理回报，进而告知创意链上的每一位开发者记录其创造成果所衍生出的延伸价值大小。

整个过程以创新为定价的核心，以创造性的内涵作为定价的核心标准，通过体验平台的智能合约、社区规范和制度准则明确下来。凝结在链上的数据，是价值链的叠加和演化，是智慧价值增益的区块链，而不是资本游戏的区块链。以此作为数字资产和数据分享、流通、延伸创新的生态机制。让市场回归人的灵魂，让交易为真正的价值而存在。

二、虚实融合平台联通物理世界促进公平正义

在现实社会中，空间资源配置不均、地域性资源差异是整体社会公平正义探讨的关键议题。社会学的空间转向，既面对当下城市社会空间的生产、分配等问题，也聚焦在城乡空间的差异。推进社会公平、减少资源的空间分配不平衡十分重要。

地域、空间的隔离产生了社会阶层的隔绝和不公平的产生。现实世界空间形态、功能的划分包含经济、人口、基础设施和文化教育等要素。若要打通地域区别，缩小城乡差距，改变区位要素、交通基础设施水平，推动区域平衡，都需要极为艰难漫长的过程，付出巨大的运作成本。对于地理属性和社会文化所产生的社会公平问题，既要解决生产力水平的不平衡，同时也最大限度缩小因物理空间距离而产生的隔绝。

因网络效率灵活性强的特征，虚拟空间的划分尺度和地域特性具有超越物理世界、联通物理地域的特征和优势。虚实混合现实空间的核心特征是共存和链接。虚实混合现实空间是互联网的升维，是通过混合现实技术、数字技术孕生出来的 3D 世界，将不同城市、城市与乡村等区域联系起来。用户获取数字身份、空间权利和体验，建立惠及全球的实时、同步、全息的连接基础设施。人们可以同时出现在城市和乡村，同时存在于不同地域和文化的环境中。这就打破了区域性经济差异和信息隔绝。人的互动行为在这个空间中存在，通过不同的方式与不同空间区域及人产生链接。虚实融合空间的同步性、持久性、在场性、时空连续性便得以体现。同时允许通过空间交互机制设计，保留各地域文化和生活模式的相对独立性和特殊性。因此，虚拟沉

浸远程呈现技术首先破解的是空间信息不均衡、不公平问题，进而向空间内生产资源的共享权问题延伸（图3-2、图3-3）。

混合现实技术，连接了不同时空和社会环境，带来全新的管理模式和组织形式。美国迪士尼公司的创始者沃尔特·迪士尼曾畅想过，将世界各地拼合在一起，形成超级原型社区。但今天，空间计算结合5G、6G与人工智能，似乎实现了超越物理界限的互联共建体系，以大规模的、新基础设施的形

图 3-2　微软《模拟飞行》等类似应用中包含海量世界数据

来源：https://www.flightsimulator.com/

图 3-3　BRINK Traveler 等类似应用中海量地球数据成为时空体验的一部分资源和基础设施

来源：https://www.roadtovr.com/brink-traveler-release-quest-steam-vr/

式，形成了一种集体性的、跨区域性的共享工作体系。人们足不出户，就可以参与跨地域管理、经营的经济活动、农业生产活动。开放、透明的数字空间成为广泛的居民和用户群体的"自然资源"、公共服务，居民和用户群体因此而受益（图3-4）。

数字孪生技术、数字化智能城市和三维扫描技术促使空间远程协作、远程共建得以实现。在算力的支持下，空间的体量规模可以以街区、城市为单位。数字化资源和物理资源在使用、共享和体验层面或许可以拉平到同一维度之上。

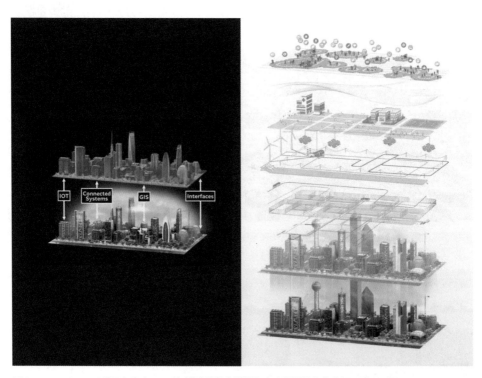

图3-4　Magic Leap 公司负责人 2019 年描述其数字世界与真实世界共生的空间互联网远景

来源：https://venturebeat.com/business/magic-leap-ceo-were-dead-serious-about-the-magicverse/

真正的跨领域不仅局限在"看"的层面，还要以身体参与的方式进入到实际生产、监控和分配的全流域，进而改变社会生产架构。可以想象，人们参与了其他地域空间的生产活动，这样的活动就具有共建性和集体参与性，就产生了参与管理的劳动付出。需要说明的是，用户的互动跨越了地域空间，也超越了时间。这是一种永不下线的互动逻辑，是更全面的在场。因为即便肉身离线、远程实时虚拟离线，用户的行为数据、人格化身也保持在线。记录、表达、操控数据、传感器信息都会留在虚拟空间中。这些数字信息便是虚实融合空间中"我在"的部分。人可以身在别处、感知在别处，但其实一直在虚实融合空间中。随着技术的发展，人们的经济劳动不仅只依赖直接的体力输出。混合现实技术的实现，为人们实施远时空的身体参与和创意构思提供可能性（图 3-5）。

图 3-5　人数字化身的远程存在，给跨区域、跨时空资源公平合理分配与使用创造条件

来源：https://www.youtube.com/watch?v=7d59O6cfaM0

互联网空间化带来的改变，减少了现实土地和物质资源的消耗和浪费。数字空间促使人减少不必要的行动，将无效空间资源、视觉和装饰的消耗减少到非功能性消耗，遏制地球资源过度消耗，把物理空间更多还于自然。

基于上述公平性需求，在跨地域的交互中，物理资源数字化分身为虚拟资产，和物理现实有机联动。虚拟资源可以作为实体空间的映射；实体资源也通过虚拟方式在交互平台下有机流动、按需调配、合理调配，实现二次分配。物物交换通过实物的虚拟分身实现资源置换、整合和共享。具体来看，在物理世界中，人们对私有财产具有处置权和一定程度的交换权，因此，在不侵犯其他人知识产权的情况下，可以将个人物体扫描生成数字分身，在合理范围内空间信息、资源分享，在个体用户之间交换使用，跨区域、跨时空分享，而对方可以在平台规则下远程获得，加以开创性的应用或拓展。

进而，信息传播从图文数据、视频传播，向空间信息实时动态共建共享转变，推动了数字空间资源获取的便捷性，进一步向现实地域资源分享、物理资源的共享使用转变。这样，共享经济在虚实两个空间流动。这将促进全社会、全要素整体的空间正义，成为由虚向实的桥梁，从观念上改变占有、所有资源和共享资源的认知逻辑，拓展信息分享的社会意义，推进社会公平。

总而言之，任何平台的建构思维都会潜移默化地影响参与者的价值认同和理念认同。充分赋予所有参与者平等、自然、情感认同和集体成就等精神获得感，是一切设计的出发点。这将保持公平使用公共资源的初衷，保障个人权益，激发人的创造性和能动性。价值导向以精神价值为重，产生高质量的数字空间信息和虚实融合的应用资源，间接影响所有体验者看待虚实融合生活方式的态度，丰富精神世界。

一方面，通过虚拟载体，可产生创新性实践。通过沉浸式交互手段，可以维护人的多元化价值，拓展生活的边界，丰富精神世界。平台赋予空间署名权和更简洁的分享权，给人的智慧与创意的施展提供新的渠道，降低门槛，提升创新的维度。

另一方面，在交互过程中，每个用户的数据知识产权、使用安全、个人隐私以及自主意愿应被充分保护。平台的本质是崇尚公平而非掌控，尊重创造而非窃取。这不仅仅是交互数据，而且是凝结人的生命历程的数据和情感成长的数据。这实际上是让人生阅历、思维创新、思考维度这种无形资产有形化，释放其蕴藏的巨大价值，回归人作为人的价值本质。这套资产应该可以被保存、被回溯、被延展，保护基本权益属于体验者个人所有，同时创造有意义的价值。

设计实践：构建虚实融合交互体验平台模型

第四章

假使人们被赋予了构造整个世界的能力，人们将遵循什么样的原则进行建构，展现怎样的宇宙系统和层级关系？古德曼（Goodman）力图揭示：世界存在着多种构造方式，人类用多种构造方式构建了多元的世界。人们可以以不同的角度理解现实世界，也可以用不同的思路构建虚拟的世界。构建过程是灵活多变的。空间结构、链接场景的路径没有统一、固定的规则和方式。可见，各类传统互联网应用的不同定位造就了丰富的互联网生态。在"沉浸式领域""虚拟现实""空间互联网""元宇宙""空间计算平台"体现了行业的"百花齐放"，也体现了建构虚实融合世界没有唯一的标准答案。沉浸式交互体验模式成熟仍需时日：需要在虚拟空间内、在体验感受层面，基于用户切入点、生活方式的差异化，带来各具特色的体验和模式。

同时，事物的本质规律又具有同一性。构建世界存在一个基本依据。价值导向、运行框架秩序等深层次结构，与客观世界具有深刻和本质的联系，是客观宇宙规则的一种映射。建构世界成功的标准是：能否有效地解决问题，能否简洁、全面、高效地组织和提供信息。简单而言，虚实交融的体验，就是借助虚拟营造的技术方式，营造全新的空间，带来全新的沉浸体验。因此，平台建构空间逻辑是根基，解决当下及未来的挑战是目的。思路和方法来源于文化和哲学。本书的意义，就是设计一种模型，体现超越物质现实：通过空间的体验，对客观世界运转机制进行呈现；把人类理解现实世界的方法、智慧，作为构建虚实融合秩序的指南。

虚拟交互体验的最大特点是跨越时空的、非线性的。在现实世界中，人的身份是唯一的，时间具有统一线性。而虚拟世界不同：人可以同时出现在多个不同时空的虚拟场景中，虚拟的时间线可以打乱，事情的走向也并非唯一的。因此，虚拟沉浸交互平台的搭建，将以这一特点为出发点。非线性时空体验，也就是跨时空体验，是在虚拟世界中，把不同时间点的场景独立呈现，把事件发生的不同阶段拆解展现。多维时空在电影作品中常有表现。《星际穿越》（图4-1、图4-2）、《流浪地球2》中都出现过四维世界、五维世界，把不同时间轴的各种事情走向，呈现在同一个场景中：一个个房间向两边或四方无限地延伸，永无止境。

这些艺术创作都呈现了数字虚拟世界中的空间信息冲破了物理世界的"时间""空间"甚至生死。在这个虚构的无限时空中，用数据模拟、数字孪生、人工智能的手段，实现对事件走向的反复推演。用虚拟方式重构时空逻辑，使事件和数据的非线性、多线交叉的特征得以实现。观看的视角不同，认知的维度就不同。观察者站在全局的的视角，就能总览一个阶段内的每一个时间节点，从高维度审视现实中单向度的、自然流逝的瞬间（图4-3）。

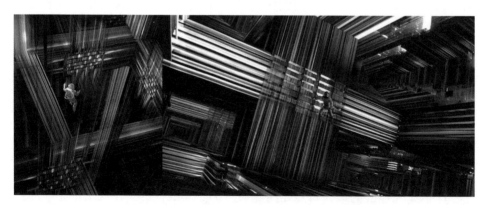

图4-1、图4-2　电影《星际穿越》中时间线的空间化表现，每个时间点的场景凝固成无数个小空间，组合成一个多维大场景

来源：电影截屏

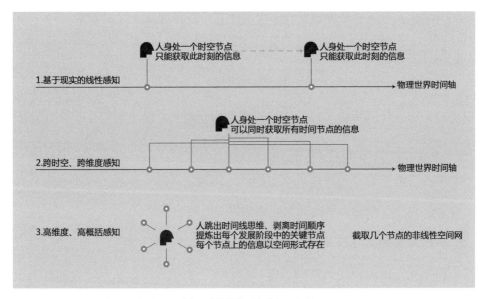

图 4-3　从传统线性时空到高维度、跨时空、非线性的时空感知示意图

这与沉浸式交互对全景全息的视觉体验、空间沉浸的本质相一致，即在 360 度虚拟现实视角下，人们感知的是空间的全息拓展。多层环碟时空体现了人类视角向高维度的拓展，体现了洞察变化规律能力的提升。

但是这些画面在科幻电影中仅仅被处理成一种视觉上的奇观或者多维世界的概念阐述，一种遥不可及的幻象。导演并没有真正想让观众看清其中的细节和信息，也不是为了真正解决人们的现实问题。对于观众，除了"不明觉厉"，不能获取有实用价值的信息。

在高度沉浸的虚拟世界中将要面对的问题是：无限延伸的房间如何在有限的、可被完整掌控的范围内呈现；无止境的空间能否找到提炼、归纳和信息处理能力；在体验内容上能否跨出奇观和刺激感官的层面，回归真正影响每一个用户生活的意义。

因此，人们需要从更高时空维度的体验中获得智慧、寻找答案。

平台搭建的过程就是选择一种适当的、易于理解和切入的建构世界的方式。当虚实融合沉浸式技术不断完善的时候，在当下的背景和文化环境中，似乎越发值得探讨中国文化中的宇宙观和内在逻辑。如本书第二章所述，中国文化的宇宙观，不是表象的、符号化的、旁枝末节内容的呈现，而是用中国思想文化的独特方式建构世界。因此，挖掘本源性、浓缩了万物规则的古老智慧，对用虚拟的数字空间构建新世界，具有启发意义。

中国博大的文化视域有助于我们选取系统的、高度概括的概念和体系。以中国文化宇宙观模型为基础，进行建构案例实践，可以从一个方面证明中国文化建构虚实融合交互模式平台的可行性和重要性。通过模型的模拟实践可以验证前文观点的完整度和科学性。

因而，本书参考借鉴中国传统文化中天、地、人时空体系和万物变化的观念，把人的360度全息视域和虚拟体验空间方位，设定为以八座核心岛屿和六十四个不同情境构成的虚实融合交互体验时空，以这些空间的链接关系为基础架构，设计实践"环碟"模式的沉浸式交互平台模型，来表明中国传统文化在虚实交互空间中的内在逻辑和价值源头。

《易经》是重要的中国古典文献，体现了中国古典文化的哲学和宇宙观，凝聚了古人思想智慧的结晶。其所蕴含的天道规律、地道法则、人道准则，大则容纳世界，小则洞察幽微。《周易》以"六爻"的方式，描述了事物运动、变化和发展的规律，把抽象的时空概念具象化、符号化，是天地人统一、时空一体的观念的精妙诠释。六十四种不同的事物、情境、现象，也体现了六十四种状态。每一个状态对应了相应的规则、道理和人生指引。这些影响着中国文化的演化和延续。

人们可见的表象往往是总的规律法则的一种"映射"。社会规则、日常生活则是这种映射的体现。因此，把虚实沉浸式交互平台的模型建立在中国经典哲学观的基础上，就更能体现中国人自己的世界观、变化观和时空观，在中国文化与新时空体系、虚拟世界的规则之间寻得一种微妙的联系，将这些符号化的宇宙观、哲学观进一步通过空间化、场景化、体验化和交互化，形成新的秩序和框架，并实现"映射"。时空体验把各类事物反映在统一的关系链条中，反映各类事物若合符契、环环相扣的关系，是人对不同情境和生活中的虚拟沉浸式投影。

在空间网络时代，我们可以清晰地看到，传统智慧是虚拟世界时空、社会场景与人的精神空间的连接纽带。《周易》包含了自然变化、社会行为的得失品评。对未来虚拟世界开发者而言，这几点都可以体现在现代叙事语境中："自然法则"对应原始创意点；"历史人物故事"就是叙事内容的素材；"得失品评"实际上也就是要表达主旨……可以说，哲学经典不只是说教和道理，同时也是创作新叙事内容的灵感，是故事结构和世界观建构的参照系，为体验内容的创意和叙事需求提供精准对接的位置。中国古人总结出来的事物发展变化的规律可以启发创作逻辑，拓展内容的广度，加深思想的深度，顺应事物的本质规则，在时空延展度上更符合虚拟沉浸式媒介的基因。

基于前文所叙述的基本框架逻辑，我们寻求一个系统的设计方法，构思交互平台案例，解释和实践营造一个行之有效的虚拟沉浸式跨时空体验和多维度叙事的解决方案，在此称之为"环碟世界体系"。

"环碟世界"是一个虚拟沉浸式时空体验的共创平台，是由无数以环形和碟形两个基本元素排列组合而成的沉浸世界。我们把古代哲学经典的抽象结构符号（象）空间化，当作一个具象的时空场景，当作"虚拟房间"或"虚拟建筑"看待，将抽象符号转变为空间语言。我们以"六"为单位串联组合，解释事物从产生到消亡的六个阶段，解释六个时空情景所蕴含的哲学思想，编排和呈现虚实融合沉浸世界的多维度时空情景和事件。由此延伸形成的六十四个时空模型包含了人类面临的各种问题和境遇，适用于虚拟、虚拟与现实融合的世界。所有虚拟的时空，都可以在六十四层时空中找到相应的位置，是内容表达与艺术创作平台的六十四种叙事模型。

中国文化的宇宙观博大精深秉承先人的天地观、时空观和变化观，探寻中国传统哲学与新技术媒介的结合点，是新内容体系构建的可能性和突破口。

由此，每个模型的六层空间结合到六十四个模型的基数，得出三百八十四的层级时空，成为虚实融合沉浸式体验平台整体最核心的部分。本章将围绕平台的基本形态、功能设计、导航、时空转换机制等，阐述环碟时空模型的运行机制和开发逻辑，并提出设计方法。

本章将对环碟世界这一模型体系进行系统阐释，对时空平台的时空关系、功能实现、开发流程、空间虚实场景中的定位与导航系统等议题予以说明。

第一节　基本形态与组成单位

在虚拟沉浸世界中，以六个环碟形虚拟装置为基底的空间分别体现事物发展的六个阶段的时空场景。对于参与者而言，这六个层叠空间实质上并存于同一个虚拟时空环境里。每一层空间是以环和碟为基底、平台形状的沉浸式空间。

环与碟按照一定规律层层镶嵌组成的叠层空间是时空场景的基本形态（图 4-4）。

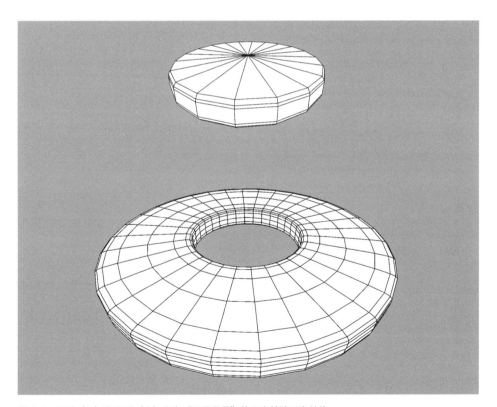

图 4-4　环形（下）和碟形（上）作为"环碟世界"的两个基础元素单位

　　每个交互空间的基本组成元素为环和碟。环：基底平面的造型元素为圆环，圆环中间为空；碟：基底平面的造型元素为圆碟，圆碟中间为实。环与碟的形式不同，代表含义不同。环的形式代表缺失与内虚；碟的形式代表完满与整体。环与碟既互相区别，代表了事物的"阴阳"两面、正负两极；环与碟又相互交融、互为补充，体现事物内部相互感应、此消彼长、相互制约、动态平衡、相互转化的复杂关系。

　　每个空间中的环形层和碟形层共六个，根据不同的排列组合，以纵向叠串的方式放置（图4-5）。

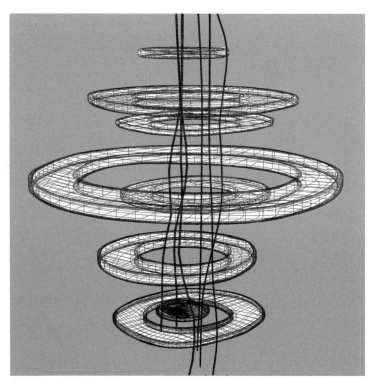

图4-5　纵向环碟组合排列，以六为单位

按六十四个时空模型规则，我们构建了六十四个环碟构成的时空矩阵（图 4-6）。

一环一碟，代表了不同事物不同阶段的状态特征，代表了空间中事物性质的圆满与缺空、阳刚与阴柔，符合中国哲学阴阳的思想。在虚实交互空间中，每个时空的不同情境具有独特属性。圆碟形的实心的造型特点，给人以坚实感，反映进取、阳刚的特性，体现了主动的、强有力的、刚性的、驱动的空间气质；圆环形层空缺的造型特征，有一种包裹感，反映保守阴柔的特性，营造了缺憾的、被动的、温和的、包容的场景气氛。环与碟的关系既对立和矛盾的，又相互呼应，彼此影响。

总体来看，圆的形状近乎完美，具有圆满的含义。环形没有终点和起点，具有永无止境、无限循环之感。因而，圆形和环形这一结构特征，在建筑中广

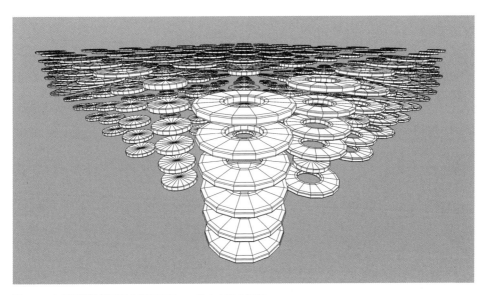

图 4-6　六层环碟按排列组合所有可能，一共六十四个模型

泛体现。传统中式建筑中以土楼、天坛为代表，传统西方建筑中以各类风格的教堂代表。圆形和环形这一结构特征也体现在现代空间设计中，比如，苹果公司的总部"Apple Park"的巨型空间，重大活动中论坛最常使用的会议圆桌。这些空间不仅仅体现了天圆地方的哲学意蕴，还承载着更多平等、包容、开放、无穷无尽的感知体验。

在虚实空间中，环与碟通过一定规律的排列组合，为用户带来了不同的场景体验。创作者将自身的体验感受等叙事内容以六层空间的结构表达出来。在创作过程中，用户主要有两种交互方式：一种是以用户为中心的交互方式。用户主导力强，平台低强度地干涉用户行为。这样的体验方式往往在圆碟空间中发生。另一种是以平台为中心的交互方式。用户处于被动状态，主要表现为被动接受信息、旁观等待这样的沉静状态。这样的体验方式更多在环形空间中发生。环与碟交错排列，给体验者带来动静结合、松弛有度的感受体验。这套机制在交互中具有调节节奏的作用。

每个时空状态的不同情境有自身的属性，传递每一个位置的状态。这些可以从经典著作中找到对应的解释。平台把经典著作中的观念和信息呈现出来。《易经·系辞下传》中表述"六爻相杂，唯其时物也。其初难知，其上易知，本末也。"每一次凶吉，都与时空有着不可分割的联系。《论语》中曾言："日往则月来，月往则日来，日月相推而明生焉。寒往则暑来，暑往则寒来，寒暑相推而岁成焉。"这讲述的是：面对变化，顺应规律，把握时机。面对时位，虚实融合平台将事物变化过程分为六个层次。每一个层次中的人与事物有共同频率，不同层次间也有协同共振。经典理论中的主动适应、待时而动等观点，既是对于自然规律的总结，也是对于人的行为规律的总结。

环碟层代表了不同的空间"位"，也包含了不同人的活动与情感。

环与碟穿插存在于虚拟空间中，分别为参与者提供了不同场景的体验。碟与环穿插交错，体验者行为也相应地动静结合，感官上张弛有度，这套机制在交互过程中发挥积极的松紧调节作用。

第二节　空间设置——关系次序

六个环与碟按规律排列组合、纵向串联，形成一个层叠空间模型，构成一个时空体系。在创作中，参与者将沉浸式交互体验分解成六个阶段以及六段时空场景。

每个时空框架，六是基本单位。每一层环或碟是一个时空片段，每六个层的空间纵向叠为一组。具体来说，最底层空间为起始层，展现事物初始阶段的状态和情境；逐层向上的二、三、四、五、六层分别代表事物的萌芽、发展、成长、壮大，直至衰亡的状态或场景。被分解后的社会时空按事物发展顺序，以事物发展全过程为主轴，通过纵向串联的方式展现（图 4-7）。

这样，原本线性的、转瞬即逝的、动态发展的事物，就被分阶段拆解、刻录、凝固在了六个平台空间中了。整个过程可以被完整和全面地观察和探析。在六个空间背后，是一套基于思想和理念支撑的空间系统、空间场域。不同空间形态蕴含了不同的属性、性质、概念、特点等，构成了不同的空间结构。六个时空存在于统一的时空框架内，不再有历史、当下和未来的时间

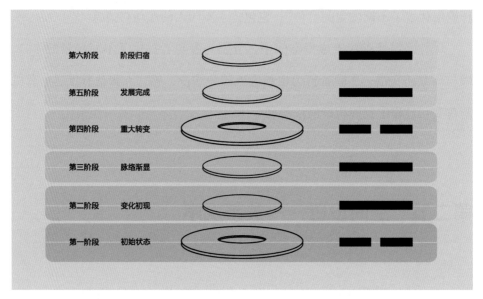

图 4-7　六层关系原理示意图（以其中一个模型为例）

轴线，而是在跨时空高维度的视角下，高度概括性地呈现事物发展的规律和逻辑（图 4-8）。

　　在时空体系内部，每个框架中的六个层级内部存在着多种联系。这种联系是此平台构建的核心理念。空间是事物存在的基础，无论是精神事物还是具象事物；但同时，空间又是事物存在的外延。空间中事物的变化又会对空间形态产生影响。大卫·哈维（David Harvey）曾提出物质空间、社会空间和观念空间的概念。这些概念超出了某一单独方面的概念，是载体。因此，每层内部空间与各层内容对应。同时，各层间并不是孤立的，而是具有承接、呼应、对比、关联等关系。各层间关系是根据环与碟的性质、先后排列组合的关系建立的，是根据不同层次间多种复杂的链接关系建立的。

　　在每个时空框架中的相邻两层之间，下层承接着上层，上层压制着下

图 4-8　六层空间结构效果图

层，既代表了事物发展的先后关系，又代表了社会层次状态和人生阶段的前后次序。从质子、原子、分子到点、线、面，事物的发展总是按照时间顺序有先后。"物有本末，事有终始，知所先后，则近道矣。"事物发展生生不息，空间变化无边无际。同时，不同层级的空间既相互独立，又相互影响。

当属性不同的环层和碟层所处在不同上下位置时，产生的含义也具有差异。例如，当一个中空、营造阴柔特性的"环"层置于饱满、坚实的"碟"层之下时，就形成了"环"承接"碟"、"碟"压制"环"的稳固格局。这种关系合理稳定。当"碟"层在下、"环"层在上时，就形成一种不稳定、不顺畅的关系和状态。这种状态体现事物不平衡、不顺利的状况。因此，相邻两层间的排布，代表的内容不同，传递的信息也不同，形成的事物间稳定或不稳定的关系也不同。因此，设计者提供的体验感受也要反映出事物本身的相应含义。

每个时空框架中有间隔的两个层级。两个层次遥相呼应，表的场景间也具有一定的关系。例如第一层和第四层时空，第二层和第五层时空，第三层和第六层时空，都存在这种遥相呼应的关系。这几对关系存在这样的规则：两者若是一环一碟，则代表异性相吸、时空关系融洽平衡、情绪感受刚柔并济；若同为环或同为碟，则代表相互排斥，缺乏协调，其中的时空体验也是不和谐的，情节的发展、空间的基调总体上是相对"冲突"的关系。可以看出，不同层级的空间编排和组织对用户心理感受和情感体验产生影响。不同层级的空间设置应是整体的系统，是全面、宏观、辩证、专业的设置。系统编排设置好不同节点，协调关系，形成因果，以小带大，让小的体验节点体现影响大的体验内容。要以设计思维预判和设置每一层级的内容及事物，体现每一层内容的承上启下的作用。总之，每一种不同的状态带来不同的感官信号和情绪信号，通过环境映射事物不同阶段状态的本质。需要让体验者理解空间排布的规律，意识到这些交替出现的"环"和"碟"各自的独特意义，进而为遐想和思考创造条件。

第三节　空间设置——基础功能

要保障体验平台的运行，需要具备一系列基础性、细节性条件：体验的起始点设计；体验类型选择判定；用户参与、信息分享、空间共建的权利；参与者行为约束和社区规定守则协议；参与者承担的道德义务和责任。

一、交互平台初始点与中心区（岛）设计

在绝大多数的游戏或交互作品中，初始点或者主城大厅是进入体验的第一入口，直观影响用户的感受和体验。初始点或者主城大厅的功能和风格非常重要。通常而言，基础设计统一、固定，空间符号性强，没有更多的个性化设计和个性选择。在虚拟现实头显所匹配的操作系统中，绝大多数厂商的初始场景设计是选择一个典型私人区域的小型休息室或会客厅。这样的基础操作界面的小空间都是系统方预设好直接加载完成的。但是，在电子游戏中，开发者根据不同的开发策略，为主城设计了不同的风格和功能，游戏《魔兽世界》的八座主城设计可谓经典。的确，开发者为每个主城提供了各具特色的风格化设计，比起单一固定的初始点，满足了多样化的需求，给予玩家更丰富的交互和故事体验。而随着时代变化，一些游戏作品开始把更多社交性和公共功能性融入主城设计，满足展示功能、提供服务，同时渲染氛围、增强用户体验、丰富随机性事件，扩展叙事内容。但是，风格多元的公共区域、各具特色的新手村仍然不具有用户自主个性化定制主城设计的可能。

　　但虚实融合时空，把原有游戏性体验融入到社会语境之下，从而更多偏向聚会、集会、传递信息、用户间共享内容等。更进一步讲，这一情境将是现实物理世界与精神空间的中间地带，是连接意识与现实的桥梁。环碟世界空间纵然是公共的虚拟交互空间，但为每个用户进入体验的起点或者"初始点"提供最大的个人化属性，即：不设置统一的、标准化的中枢大厅或者游戏世界里"主城"的概念。每个人为自己的世界设计主枢纽，自我打造意识阵地、精神港湾。从这里出发，用户可以链接所有虚拟或现实场景，也可以把这里作为"母港"与其他用户的枢纽产生连接。美国皮克斯动画作品《头脑特工队》（图4-9）中，依赖于体验者个体内心而存在五个代表人格的核心岛屿。每个岛屿是人的生活、行为、心理活动、价值观的载体和映射。

　　在这个模式下，个人化的中心岛是自我精神世界的"伊甸园"，也是链接六十四个模型的中介区、过渡区，是链接各个虚拟空间公共空间和社会场所的私人枢纽站、动态模块。个人化的中心岛的内容和形式是自主的、可变的、动态的。在《我的世界》（图4-10、图4-11）、《第二人生》（图4-12、图4-13）等这一类开放的作品中，用户自己构建和打造自己想要的空间和物品，创建世界和生活；也可以走进他人的空间，深度交流互动。

　　Townsmen VR、*Spacefolk City* 等虚拟现实游戏的出现充分表明，用户能更沉浸地使用工具建造空间并与空间互动。通过公共空间和私人空间的交叉设计、动态平衡，用户被赋予了重构空间的权利。但相对于技术的变化，用户个体内心最本真的小家园是不变的。在这个小家园中，每个人内可退守自

图 4-9　电影《头脑特工队》中几个主要情绪岛屿设计

来源：电影截屏

图 4-10、图 4-11　游戏体验《我的世界》

来源：https://www.pcworld.com/article/397412/microsoft-minecraft-augmented-reality-tease.html
　　　https://news.microsoft.com/zh-cn/《我的世界》-15- 周年，重要历史时刻回顾 /

图 4-12、图 4-13　游戏体验《第二人生》

来源：https://feber.se/webb/rorelsehindrade-personer-lever-livet-i-second-life/361736/
　　　https://ringseis.com/portfolio-item/second-life/

我，外可以连接万千物理世界、虚拟世界、六十四个空间的门户和结界，可以踏实下来、卸下压力的小安乐窝，可以把小家园当作轻松的会客厅。其中的布置和设施皆为"信物"，围绕着人们意识、潜意识中最重要的要素，体现着人的品格，流露着人的兴趣爱好、理想追求、艺术表达。在这个追求完美的小空间中，人们享受着生活的乐趣。这里既是人际交往关系、社会关系具象化的体现，也是心灵世界的缩影。

因此，中心岛共设置八座，分别承载人的最主要的八种心境状态、八个围绕人内心需求的精神家园。通过选取、剖析、提炼古代经典中描述过的八个基本现象的内核，把它们转化为八个现代的、具体的、直观的情感状态和生活环境（图 4-14）。

生存空间影响人类生活不同方面，虚拟空间中亦是如此。虚拟空间的八个岛是用户生活、认知、精神的环境，但同时又影响用户行为、主观心理和

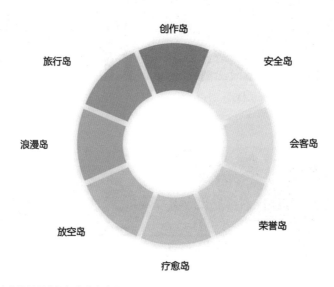

图 4-14　八座岛屿的结构框架和内容主题

心境。这八个岛所是精神世界，也是八个主题，是自我疗愈空间、最亲密交际空间、畅想空间、田园牧歌空间、浪迹天涯空间等。这八个岛是容纳精神自在的虚拟场景，同时又是连接娱乐、工作和日常社会交往场所的窗口。面对多变的社会场景，其发挥着稳定器、桥梁和线索的锚定作用。

空间设计以用户自我生产、自主创造和自发营造为核心。平台提供便捷的虚拟物体、资源的生产工具、针对实体环境虚拟化的扫描工具以及一些支撑的基础素材，为用户搭建自己的心灵岛给予一定的美学辅助、操作辅助，以最低的成本和代价，满足个体的精神充实和审美诉求，用户和参与者无须为此付出额外成本。

总之，人的思想会有意无意地外化在现实社会活动的各种状态中，因此与其他社会空间存在着交互关系。中介区或中枢区就是连接这些场景的支点，触发用户在空间与交互活动场景中的选择。一个偶然触发的道具、机关，会实现时空的转换、场所的切换。每一个超级链接都能激发新的关系，激发新的想象力、创造力。

二、体验服务选择

环碟世界平台提供不同内容、不同形式的体验呈现，满足不同应用场景和目的需求。在不同场景下，平台提供内容的开放度和自由度是差异化的。用户在需要自主掌控的时候获得主动权，在需要被动接受信息的时候受平台空间主导内容的驱动。因此，可以根据不同情况对层级设定进行划分。总的来说，根据用户自由度由高到低可以分为三档。

高灵活模式：这是用户主导的交互状态。开发者提供少量的基础环境。场景内的活动行为和体验由体验者自我掌控。每一层时空的发展的状态、六个阶段的划分不依赖于创作者判断。这种模式为在用户主导的场景中提供服务，包含各类非被动性的社会活动、工作、社交等。

适度灵活模式：用户和平台驱动力相当的状态。空间开发者在建构基础框架时，赋予场景更多虚拟资产和细节，提供部分虚拟角色，对场景内可能发生的事件和行动进行预设，把半开放的信息向用户传递，设计一定的任务和指引。对六层时空所表现的事物六个阶段的演变、更迭赋予部分约束性和强制性规则，这样做的目的是：在用户缺乏明确目标、生活指引的时候，在用户处于相对迷茫或低需求阶段，平台的内容开发者通过内容设计介入用户体验过程，提供部分引导和辅助功能。

低灵活度模式：空间体验以用户被动接受信息为主导。开发者预设整个体验全流程和全内容；用户无须做自主决策的体验。每一层时空所呈现的内容和叙事是程式化的、被编排的，由预先安排虚拟角色作为"演员"的身份完成绝大部分叙事的任务；而用户像看电影一样，当一名普通的观者。这一类服务满足用户在轻松、休闲的状态下，以较低交互介入的方式，进行艺术体验和欣赏。

这几种服务体验模式，基于不同程度的服务体验，满足用户各种状态下的多样化需求，打破以往按应用功能、社会规则和外界环境的划分，颠覆了割裂人的生活空间的传统逻辑，转向以人的生命情感体验和状态为枢纽，营造多样统一的时空场景。

三、"创意价值循环""朴素创新分享"式空间资产的使用 和管理规则

基于前文所述，在环碟六层空间中，体验者将日常社会生活和艺术娱乐活动置入虚实融合的空间中；开发者、设计师根据六十四种模型的规则，赋予空间信息传播与价值阐释。在虚实融合空间整体框架中，虚拟资产以租借的方式开放给所有用户使用，而非少数人购买占有。每位参与者在使用空间与虚拟资产时，自然就得到了日常生活和精神感受的满足。在虚实融合平台上，将获得六层空间的使用权与附属的所有虚拟资源，合理地与用户自己所处的物理现实空间中的空间相互配合，按需融合。

在长期使用的过程中，用户会根据自己的体验需求和日常生活习惯，在与虚拟的部分空间及资产互动的过程中，会改变虚拟空间的布局、虚拟道具和装置样貌的形式，也会通过个人交互、空间网络与他人共建交互体验，而产生新的故事、新的创意和灵感。这些变化改变了初始态，产生了新的数据信息，已经与原始开发者所设计的环碟世界的原貌不同。这些变化是每个个体所缔造的虚实融合时空的"二次创作"或"增量创新、观念创新、创意再生机制"（图4-15）。一万个用户可以创造出一万种变化。每一次创新都是对原始创作的一次补充、丰富和诠释。这些创新成果的价值是用每一位普通参与者的数据标记衡量出来的。这些标记内容能带动更多用户自发地二次开发、三次开发，创造更多的精神内涵。把创意的增量作为定价的尺度，作为增量创新指数，以实际奖励回馈原始开发者，表彰其所设计的内容，也能激发更多用户的创新热情、创新灵感，帮助其实现个人成长，做出巨大贡献。

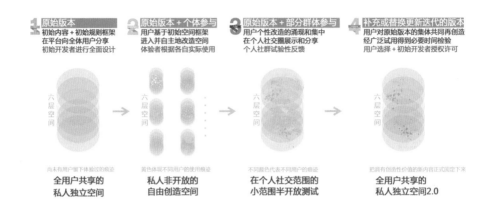

图 4-15　创意链循环增量生产机制、创意再生指数机制与增量计价机制

通过区块链技术形成的"创新链条"，让链上的每一个人都成为创作者，让每一个创造性劳动者都得到应有的收益。而这些新的创造和改变，与原生的创造设计拥有同等重要的价值和意义。

中国自古以来就有这样的文化传统，无论是碑刻题铭，还是书画题跋，都对相关的艺术作品的创意进行了二次、多次的延伸。进入数字技术与沉浸媒介时代，这种创意的无限生长空间将更为充分。人们有权二次分享其体验并创造性使用，形成一次基于创意的循环和延伸。这也是使用经济、分享经济的循环。

这些海量的再创作成果，将被更多的体验者用户用交互的身体去感知。他们从中获得相应的价值，拓展艺术的视野。用户体验和增量创新的大数据更能代表这一代人的感受、习惯和思想成果。这些大数据提供"无言的选择"，成为时代的印记，像石刻和题跋那样——不断延续，生生不息。

四、平台内用户的再开发和行为的约束

相较于现实世界而言，用户在虚拟世界中的行为显得更为随意和自由，但同时也带来更多风险。例如，在 2022 年 3 月，有网友通过社交软件表示，自己遭遇了网络性骚扰。她自述在一款虚拟现实的游戏中睡眠时，其他玩家强行闯入她的虚拟卧室，并坐在她的虚拟形象上进行侵犯。这对虚拟空间中的用户行为规范产生了影响和挑战。用户进出都会存储数据，留下痕迹。他们的行为容易被记录、被观察和被历史复现。因而，在虚拟空间中，用户行为规范条例的设定以及虚拟行为法律界定极为重要。

在平台设计层面，空间资源的迭代更新，应该在合理合规的约束下演变。人们普遍认为，在虚拟世界中，当用户做出出格的、违法的行为时，他们承担的责任成本更低，道德法律约束更少，社会公德层面社会负担更小。例如，在各类开放世界游戏中，玩家做出的行为绝非理性。似乎用户自然而然地认为，在虚拟空间中，破坏性行为更多，而建设性行为更少。和玩家独立的单机世界相比，虚拟空间网络平台进入了更广泛的社会范畴，性质已经完全不同。例如，21 世纪初开发上市的游戏作品《第二人生》极度开放，自由度极高。玩家在虚拟空间制造各种"状况"，产出不少"麻烦"，经常做出一些破坏和叛逆行为，甚至因一些争议事件卷入舆论旋涡，出现"道德的危机"。时间证明：那些制造事端、违背道德、制造破坏的行为不可持续，不能持续给用户带来兴奋和快感，得不到更多用户的支持；而持建设性意见、行为正当的用户走到了最后，愿意为此花费更多的精力和心血。人们会自然地做出正确的选择，当然，这有赖于平台自身的约束机制和激励机制发挥重要的底线作用。

用户自发的创作、生产行为在平台框架下进行。这个框架包含两方面影响：一方面是平台的基础规则的约束，确保用户行为合理合法；另一方面是引导体验者的自然选择。在用户行为触发机制前提下，平台系统不设计强制阻碍，而是以指南性、鼓励性影响行动框架，软性规训用户参与平台体验的行为状态；同时，相对简单的规则更容易让人识别、记忆和使用。除上述思路外，平台应把握共同和区别原则的框架规范，对私人的虚拟场所和公共性的虚拟空间有区别地对待，对用户私密场所的约束和管理限度应降低。上述的秩序规范是整体交互行为安全、良性稳定运行的保障；同时，营造多元且有意义的创造活动，促使用户自发地建构交互活动和互动，调整自己的行为方式，把空间利用得更有价值。良性且有意义的行为互动数据、虚拟数字资源的丰富和长期积淀，能得到有价值的成果。

第四节　空间设置——导航系统

在虚实空间中，体验者的日常活动在跨时空场景中进行，因此，在庞大的时空体系中需要建立目标准确、线索清晰的时空定位和导航系统。

传统交互产品的导航有两层含义：第一个概念是功能导航。在人机交互的范畴中，用户通过操作界面的导航栏实现清晰、准确的指引。在当下几乎所有App设计中，通过导航菜单的形式，根据类别逐级缩小范围，帮助用户在整个系统中找到所需的目标。第二个概念就是位置导航。在复杂的空间地理环境中，位置导航软件快速定位，并为用户的目的地指引方向。这是用户通常出行使用的地图与交通导航的应用软件。

在虚拟现实世界中，各个世界房间繁多庞大，空间层级关系复杂。解决其中定位导航的问题需要复杂、系统的设计。在电影《头号玩家》（图 4-16、图 4-17、图 4-18）中，有一段镜头简要展示了导航、定位、空间跳转的过程。沟通定位的导航通信系统中，用户通过三级菜单完成了场景的转换和时空位置导航。

除了上述两种具象的导航之外，广义上的导航还可以延伸至更广层面上。位置的锚定和道路的指引往往不限于物理或具体的，还可以是理念的、思想的、人生的、宏观的、大方向的把握；时而来源于智慧，时而来源于智者的点拨、阅历与感悟。目前，这样的导航在数字交互平台还无法实现。

对于"环碟"虚实融合交互体验平台而言，我们将对上述导航进行一次系统性的统一整合与提升。同时，我们结合传统文化蕴含的时空定位的认知思路，实现时空场景选择交互功能导航、时空定位导航、哲学与智慧导航，实现运动目标指引功能、全息空间定位功能、生命抉择方向指引功能。

这套系统满足用户基础需求的两条检索逻辑。第一条检索逻辑是将用户目标需求场景的功能选择作为导航菜单线索。通过需求目标的引导，在虚拟和现实结合的所有空间场景中，根据不同的工作、社交、娱乐、休闲等需求，选择相匹配的虚拟或者真实的空间场地环境，以人日常生活的现实需要作为导航的逻辑，满足用户直接的、当下的、功能性和体验感的需求，用"任务菜单"进行快速检索。这是导航系统的功能检索的实现。

图4-16、图4-17、图4-18　电影《头号玩家》中虚构的时空定位及其三级导航菜单

来源：电影截屏。

不同于传统 UI 的拉栏式导航菜单，沉浸式平台的导航是空间三维的、全息化菜单，被称为"时空滚轮"或"时空抽屉"。用户通过手势等交互操作旋转界面、抽拉、调取的方式选择并进入下一级菜单。

第二条检索逻辑是时空立体坐标位置的定位。无论是在虚拟世界还是在现实世界，人的肉身或是虚拟化身都有时空位置。坐标位置的价值类似于地图导航，但某种意义上看，这是地图导航的系统升维，是跨时空的延伸。用户可以明确地了解物理现实与虚拟时空的准确位置、坐标、行动路径；同时也可以在双方授权条件下，获知朋友、陌生人的位置。

除了上述满足用户基础需求的两条检索逻辑之外，导航概念还有第三个含义，即满足用户高维度需要的时空检索逻辑。这种检索为用户的生命阶段、人生境遇、情感状态这种"宏观位置"或路径选择提供辅助导航。"环碟世界架构"的核心是把事物发展的生命周期以"六"为单位划分。任何人、任何事物都是处在无数个"局"之中：大到宇宙的整个阶段，小到一件事。每个"局"都有各自的生命周期。周期内又可以客观划分成六个阶段。人常常面临各种困惑、忧虑，无法辨别自己所处的位置和状态，也就无法对未来的发展方向做出判断和推测。这也是人们常常感到自我迷失和对未来的不确定性担忧和恐惧的根源。

历史是今天的一面镜子。《易经》为事物的发展计算出了可能性。《周易》的初衷，不过是用抽象符号的系统注解人生经历，把计算结果理解为生活的记事本，推算出人生选择。我们可以借助更具象、更沉浸、更智能化的数字媒介手段，把《周易》中的抽象符号系统"升级改造"成立体的空间系统，让"环碟"世界平台成为每个用户自己独特的生活指南。

因此，时空导航是在虚实融合世界中满足用户主观场景选择的一种具象指引，为生活迷失的用户寻找方向，为用户的精神需求和方向选择定位做出精神指引的统一，从导航到引航。这才是空间定位与内心定位结合的真正价值。

第五节　时空开发的总体思路和设计流程

在平台建构实施的过程中，形成了一套艺术家（内容原始开发者）和一般参与者（体验平台的用户和体验者）协作共建的基础流程框架，也开发了高度沉浸的虚拟场所以及虚实深度融合的混合空间，还制定了不同场所空间的应用设计的适用规范。每个身份的任务和功能定位有所差异，大致关系如图（图4-19）。

从开发流程看，总结起来大致包含以下五个阶段：

第一阶段是内容构建者设计整体空间的基本内容和信息。在这一阶段，要设置道具、装置、环境细节的隐藏信息、可能发生的事件，预设部分人物关系逻辑、行为动机的线索提示，以供体验者顺次收集分布在各个空间域之中的信息，捡拾和自主挖掘每一片信息碎片，进而把这些碎片在体验者头脑中补全，形成完整的事件全貌（图4-20）。

八个主岛的结构提供基础的框架和基础工具。用户根据个体需求，用基础工具搭建和布置自己的空间。基础框架和基础工具是连接后续场景空间的

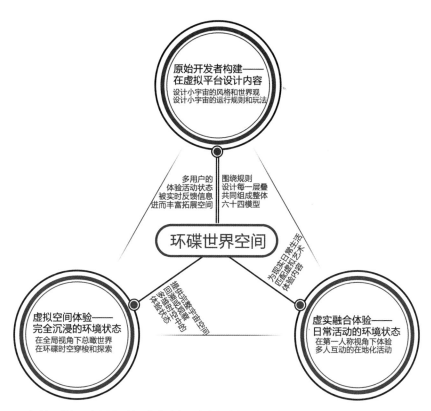

图 4-19 初始开发者、在沉浸环境下的体验者、在虚实融合日常环境下的体验者三种身份的关系定位

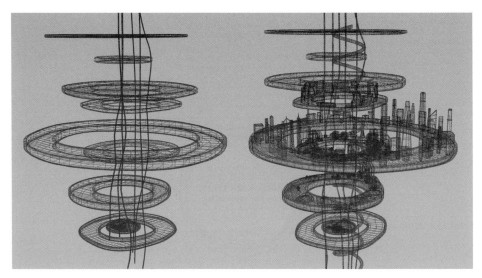

图 4-20　原始开发者以六层一碟作为基础框架，在其中设计、搭建各种各样的场景和空间环境

桥梁和线索。

六十四模型建构把每一层场景具有因果关系的六层逻辑建构起来，在以"数字空间"为主题的虚拟沉浸体验中，将事物尽可能系统地、完整地呈现在体验者面前。事物完整的发展阶段过程以多层空间的形式得以呈现。虽然体验者状态是完全沉浸式的，但又能以旁观者的视角审视事件发展的全过程。

虚拟空间与情境的原始营造者和内容叙事者具有双重身份：一方面完成虚拟空间环境的整体塑造、事件的预先设计；另一方面也在间接地传递价值观、哲学观、世界观。因此，我们在六十四个被定义的空间模型之中筛选和《周易》内涵相关的关键词，作为建构虚拟沉浸体验内容的依据，充分遵循每个时空场景背后的境遇顺逆、事物的消长、情绪起伏和节奏，注重各层叠之间的承接、对应、关联关系，从而组织空间内容的发展变化。

　　第二阶段是一般体验者以创造性、日常性的状态进入虚拟沉浸式情景。初始开发者提供前期合理的诱导和服务，中间设置必要的维护正常运转的机制，并留足灵活宽松的空间。这一模式改变了"内容主动输出者"和"被动接受者"的传统关系，向"协作者""虚拟空间共同建设者"的身份转变。参与者之间互动的结果将深刻地影响彼此的人生经历和现实境况，并且在虚拟空间的世界中留下行为痕迹。

　　在这一阶段，初始开发者提供空间的整体设计框架，在框架中定义空间的基本风格和主题。这些风格和主题可细化为一个能被模块化设计的语言和参考基准，为进入空间的参与者提供一套交互设计工具架。进入空间的体验者可使用这套工具架对空间内的资产、空间设施放置进行调整，有限度地调整空间内部格局。

　　同时，参与者虚拟沉浸空间感受到的数字资产和数字信息，可以以一种全息或扩展方式，映射、投影在现实空间内，实现虚实混合的交互体验。而初始开发者要预先构思和创建虚拟资产在虚实混合空间出现的契机、时机和环境。虚实相交的过程需要从现实环境、人的现实需求中找到根源、确定依据。当虚拟世界的部分内容渗透到现实环境中时，就形成虚拟体验空间的入口，实现虚拟空间和混合现实空间自由切换，以此满足在现实环境和虚拟世界中的人的各种不同的需求。

　　第三阶段是统一协调虚拟沉浸式空间的虚拟内容信息和现实内容信息。在这一阶段，要建立虚构的数字资产和现实物质世界的良好耦合关系，避免虚拟与现实的对立和脱离。依托于混合现实技术，现实环境的信息和虚拟的内容在彼此的主场中相互渗透，达到合理、平衡的状态。虚实融合的本质不是让人虚实混淆、认知混沌，而是自主、清晰、自如地掌控和联动虚、实两个世界的信息。在虚拟空间中，结合现实元素，保持对现实世界的关照，引导虚拟内容解决真实存在的问题和需求；在现实中，融合虚拟世界信息，也是在反复警示：现实中存在的事物也都并非真实的，追求真实不等于沉迷物质。现实和虚拟空间本就不是对立体，并不是区分真与假的标准，而是密切关联的融合统一。

一部分日常社会活动以数字化的形式在沉浸的虚拟空间场景中展开；而另一部分会以现实世界为基础、以虚实混合为形式展开。两种生活模式在人的一般日常中自然分布、相互补充。但两种模式只是两种倾向，并不绝对。而且，在理想状况下可以随意转换，以顺应人各种需求的满足。在以物质现实为基底的虚实融合体系中，设计虚拟资产和信息出现的时机、缘由、因果及其存在的机制等因素，是把握虚实融合空间各要素平衡、融合问题的关键。

因此，随着图像识别、空间定位、云端技术更高阶地普及，当用户行走在现实世界、物理环境的特定区域时，虚拟资产就在相应的位置被触发，形成虚实一体的交互空间。人们可以在其中进行交互行为。被营造出的新场景是人们共享的新情感空间和艺术载体。

平台的基础开发者，以虚实平台为媒，建构虚实空间中的意境。他们预设参与者的行为路径，唤醒积极的情绪，激发人们求真向善的动机。他们释放更多的空间，由每个参与者把自己的人生感悟和生命色彩添加进来。

在日常物理环境下，预设虚拟资源、虚拟空间信息的策略有两个方面：一方面满足日常生活、工作需要，另一方面满足情感和精神需要。虚拟空间信息原本存在于完全虚拟场景之中，但偶尔也出现在现实环境中，触发用户建立时空的连接，激发人的感知和感官系统，拓展人们看待事物之间联系的维度。人认知能力的提升本质上是看待事物之间关系的广度和角度的提升，虚拟技术的介入，丰富了人们对这种联系的理解。认知能力的提升，能把那些不易察觉的联系重新建立起来，弥补人的敏感力、感知力，为更高维度认知能力的提升提供基础（图4-21、图4-22）。

第四阶段是连接不同的故事世界系统、内容世界系统、风格世界系统，贯通整合成完整的沉浸大宇宙。如果开发者在自己的小空间独立创作、单打独斗，这一系统中的不同故事也就难免失去内容上的关联。这样平台就失去了预设的调性和目标，不能发挥整合效应。平台的设计定位，既要保障每个设计开发者团队保持相对独立性，又要在各个小宇宙之间建立丰富、深层次的联系。因此，基于《周易》宇宙观的整体思维，系统设计的开放性和统一性是必然要求。即便每个层碟空间之间、六十四个模型之间风格迥异，内容多元，但依然存在着密切的、深刻的联系和呼应，被系统观念维系在同一套逻辑框架中。

第五阶段是持续性和可自我修复的机制。虚拟沉浸空间，因参与者的介入而被改变，可供更多参与者集体参与、互动。因此，虚拟空间本质上也是一种动态发展的社会空间，或者说是公共空间。这不同于传统艺术作品：作品一旦完成，就成为不可修改的完成体。虚拟空间需要一套机制，充分保障空间内参与者的修改、补充的权利，同时，又要避免虚拟空间受到肆意破坏。既要维持虚拟空间的良性运行，又要维持必要的社会秩序。

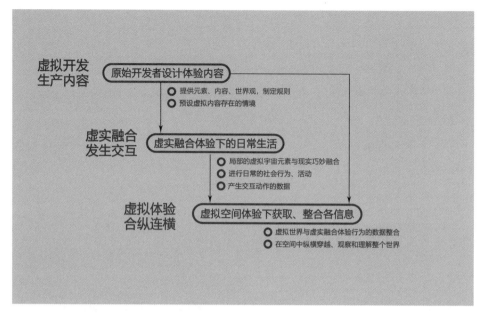

图 4-21　几个构建虚实融合体验的主要流程

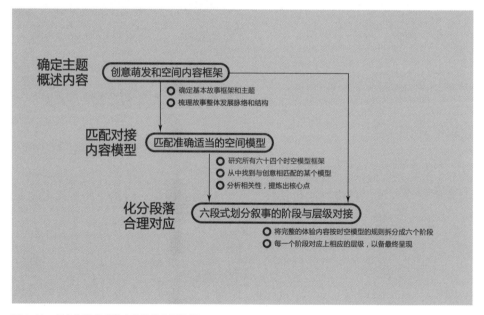

图 4-22　几个构建虚实融合体验的主要流程

任何日常生活空间场所不仅仅是摆设，也不仅仅是娱乐场所，还是形形色色的人行动、情感、思想的见证，具有个体的适用性和功能的灵活性。

同理，人们进入虚拟的社会空间或者个人场所，必然会造成原始空间布局、陈设的改变，产生新的交互数据、场景信息，形成二次创作和空间内容的再生产。在环碟空间中，用户对增值和二次创作拥有隐私和分享的权利，有权保护自己的生产和行动数据的隐私，并且可以对外发布自己的创意和想法。开发者根据平台规则对环碟空间的信息进行长期维护，在获得多方设计者、参与者的许可情况下，将二次创作过程中产生的有意义、有创新的增加部分叠加到原始开发的场景中，面向所有用户开放，保持这六层时空生命力的延续。

第五章

细节方案：『环碟』世界平台模式的具体实施路径

前一章阐释了环碟世界整体的框架，梳理了环碟世界交互平台的基本形态、组成单位、空间设置、流程。本章主要描述"环碟"世界的细节思路和实际开发策略问题，设计平台的交互逻辑，并且具体分析该平台的使用属性和用户特征。

环碟世界的空间尺度和空间秩序针对熟人社交和用户个体社会关系网络，具有小范围、强关系、重深度交互的平台属性。这样的平台不是公共性传播式媒体，也不是巨型虚拟场所。在以个体为中心的前提下，我们设置八个中心岛加六十四组环碟场景，预设在整个过程的交互行动范围和边界内划定。

因而整套规则，围绕着"8+384"的空间场景的构成秩序。在一个具体的空间中，我们强调"形式"在虚实融合沉浸式的体验中的作用，而不是强调风格的独特性和标志性。在视觉和体验等感官层面，环碟体系与其他类似的元宇宙平台没有绝对差异。平台的包容性决定了不应该强化视觉符号或特殊性元素。这一系统最核心的特征体现在具象层面之上，体现在彼此间"关系"的系统逻辑上，体现在层级划分系统思维方面，也体现在用户身份与平台的关系层面。

本章围绕规则的细节内容、具体的设计方法、独特的关系逻辑，提供完整的可操作方案和行动指南。

第一节 "环碟"模式的统一规则设计

"环碟"世界的空间由八座"个人中心岛"和六十四个"时空模型"两部分组成，分别链接各个虚拟空间、公共空间过渡区、私人枢纽站和384个时空场景。这两个部分是整个平台的两级系统结构，即：中心是八座个人岛，四面八方是伸出的六十四个共享时空模型。用户的时空体验和交互行为，都在这八座中心岛、外围六十四个模型、384个空间集合中进行（图5-1、图5-2）。

不同时空模型之间的交互中，人们更注重建立人与模型、人与平台、人与空间的体验与服务关系，更加注重"体验性""可用性"和"情感化"设计，关注人本体验。平台交互过程将带给用户感知体验，用户也可以在操作过程中得到周围环境的真实反馈。平台交互逻辑遵循层级扁平化、选择方式多样、灵活度高的特点。交互界面完成了从二维交互方式到三维空间UI的进化，实现强引导和弱辅助多样化的自然交互指引和导航系统。带有三维全息空间的信息既是交互的对象，同时也是交互界面主体本身。用户进出空间

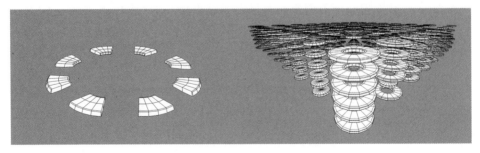

图5-1 八座中心岛　　　　　　　图5-2 六十四个环碟模型

后的交互没有强制、固定路径；空间进出自由，选项高度灵活。用户可从语音、手势、行为暗示和系统匹配、指引等选项中，自主选择离开、进入空间或转场的方式。

从八座主岛，到六十四个模型，再到模型中六层空间中的某一层空间，这一至三级"菜单"的交互体系，作为一个相对扁平化、集成度高、线索清晰、交互逻辑自由的系统，将提供选项丰富且适度、规则指引清晰的平台模式。

一、八座中心岛设计细节

八座中心岛是用户介入体验平台的出生点和主城入口，是每个用户按照自主意愿、亲自动手设计的唯一的独属于用户自己的八个小空间，是八种自我内心的情感诉求和精神港湾。如果说现实世界建筑是身体的港湾，那么虚拟空间就是心灵的庇护所。

空间围绕用户的生活处境，也体现他们的心境，分别代表不同的功能和含义。在面对不同日常境况时，人们既展现动的力量，也流露止的心态；既有迎接光明的眼光，也有面对黑暗的勇气；既有唯我独尊的气势，也有海纳百川的心胸；既有外在的交流与分享，也有内在自足与独创。因此，特定的生活场景，也是特定的心灵空间。而八个岛的设计，通过沉浸化的体验，就是具象化这些心灵空间，满足了相应的需求，以带有意蕴的虚拟或虚实空间作为心理空间载体。

基于细化分析八类情境的定位设想，确定以下八个主岛的概念名称。

一是记录成就、展现自我的纪念岛。

这一空间是用户自己生命历程的记录，也是自我价值和成就的一个展示面。在创作中，用户通过自主设计，将个人最满意和值得骄傲的内容记录下来，体现个人成就感。

二是诗情画意、情系远方的旅行岛。

该岛是用户体验精神流浪和渴求"动"的心情的聚集场所。在创作中，用户通过自主设计，放松身心，体验美景，感受文化；同时，用户无论是选择一人独行，还是他人陪伴的旅途，都能在该岛屿中实践。用户能够与他人共享情感，分享行走中的人生体验。

三是采菊东篱、田园牧歌的浪漫岛。

这一空间是顺遂自然、御风而行的生态场景，是在田园诗意中怡然自得的生活图景。在创作中，用户通过自主设计，营造模拟的田园式的氛围，种种花草、耕耘农田，获得自在的、轻松的心理慰藉，在劳动的过程中体会收获与成长。

四是肝胆相照、信息交换的会客岛。

这个空间是自在的环境，是符合用户个性特点、风格的沟通场所。在创作中，用户可以通过这个空间与他人面对面交流，卸下戒备，回归真诚；同时，岛屿的场景色调灵活多变，可以动态调整情绪，营造仪式感。

五是奇思妙想、营造意象的创作岛。

这里是用户肆意表达内心美的创造的空间。用户自主地创作作品。在创作中，用户可以通过视觉化、体验化等方式，以更短周期、更低成本，打通思维与内容的通路；同时，不同用户可以共同协作，将流水线内容转变成多线并行的方式。

六是远离喧嚣、怡然自得的安全岛。

这是一个被温暖、柔软填满的小房间，是一个充满包容的庇护所。在创作中，用户可以在此空间里畅所欲言、随心布置，不必在意他人的感受和想法。

七是烦襟顿释、静心修身的放空岛。

这里是人们求静、修身、养心、放松的冥想场所。在创作中，用户可以什么都不想，也可以随意想，充分享受平淡时光、安静和谐、内心平静。

八是抚慰心灵和弥补遗憾的疗愈岛。

这里是弥补遗憾、化解困境的意识空间。在创作中，用户可以轻松愉悦，感知内在自我，获得稳定的情绪。

这八座中心岛表面上是情感需求的直观体现，但本质上是自然现象和社会现象的八个状态，来源于中国文化内核。用户可以亲手设计定义这八个场景，实现精神世界的外化。

为帮助用户更全面地了解该体验平台的功能，熟悉平台搭建流程，更熟悉掌握操作方式，平台为用户提供以下三种基础工具：空间模版、操作指南、虚拟资产生产工具和三维扫描导入工具。

空间模板为这八个主题提供一个通用的基础布局框架图。这个框架图为虚拟资产的陈列摆放提供合理位置示意图，为不具有专业素养的用户在设计自己独立的小空间时提供一定的审美参考和设计辅助。

操作指南是空间搭建操作、虚拟资产调取、导入和放置的操作指引。这是激励想法导引系统。这个系统通过向用户提问，唤起情感，引导用户用画面、声音描绘出自己内心的情景，使内心情景与空间功能含义相匹配，协助用户搭建起他们理想中的这八座岛。

虚拟资产生产工具和三维扫描导入工具，是用户从虚拟资源库中调取他们预期的内容，用小程序建模，捏出个性小装置；也是用三维信息形成AIGC工具、人工智能生成模型。用三维采集和深度拍摄设备，可以把现实中的用户物品扫描，做数字分身，放进自己的虚拟小世界。这样一整套工具架，在不需要刻意学习的条件下，就能满足用户搭建自己的八个精神家园的要求。

为更好印证这一模式框架的运行逻辑，我们进行了一次初级创作实验，着重探讨如何设计规则的约束度，如何协调创作者、用户开发和建构自由度之间的平衡。为此，我们邀请了八组青年设计师，围绕八座岛的主题，设置明确的空间尺寸，精准设计边界，追求空间目标小而精。效果如图5-3、图5-4所示。从这几位创作者反馈看，这一机制和命题，内生并催化了每个人强烈的表达欲望和创作的积极性。这次实验表明：这一框架提供了较为清晰的设计逻辑；技术层面可以满足基本用户需求。将来，在技术门槛越发降低的条件下，这一框架能提供更简易的用户体验和更丰富的用户选择，可以实现更广泛的应用。

二、六十四空间模型设计细节

这部分的构思是八座主岛的丰富和延伸，受《周易》启发，反映事物六十四种不同状态，反映事物的变化周期。

图 5-3 八个小创作团队尝试八座中心岛的设计测试实验效果

图 5-4 八个小创作团队尝试八座中心岛的设计测试实验效果

这六十四个模型都有相对应的主题，包含自然规律和人类社会的规则：从事物早期的启蒙、哺育，到一定发展阶段的对抗和诉讼；从群策群力，到相互依附；从小的积累和成就，再到彼此间的义务；从良好开端，到困境和挫折，再到寻求突破。日月交替，寒来暑往，祸福相依。事物总是在发生变化。从微粒到宇宙，从个人到社会，从国家到世界，事物都在动态的平衡中变化。可以说，我们都可以找到空间模型，作为事物不同状态的载体。

人们日常社会与生活的家庭、伦理和个体，都可以找寻合理的模型。中国人特有的长幼有序、男女有别等价值理念可以用六十四个时空模型来承载。六十四个时空模型，是对多时空维度、复杂用户行为选择的凝练。这样的模型有助于及时表达数据信息，梳理信息关系、梳理情绪状态、梳理具象呈现，有助于进行关联化设计与现象化表达。因此，模型的本质是对事物状态、场景情境的高度凝练和塑造。在内容形式层面不做限制的同时，潜移默化地对体验的目的、情感与价值的发挥产生影响，在现实、虚拟的纷繁杂芜的世界中找到出路（图 5-5、图 5-6、图 5-7、图 5-8）。

六十四模型对应了六十四种时空架构；每一个框架中存在六个环碟空间。这六十四个框架支撑起来共有 384 个空间和小环碟场景。对于设计师而言，如何用好手中的设计工具为这 384 个场景赋予内容、信息和价值，需要一套行之有效、可被用户分享、体验与共建的实施细则。这一实施细则约定了用户使用该空间的行为，提供了在不同境遇下处理事物的方法，具有一定的规范性和指导性（图 5-9）。

图 5-5　环碟世界的设计样例 1

图 5-6　环碟世界的设计样例 2

图 5-7 环碟世界的设计样例 3

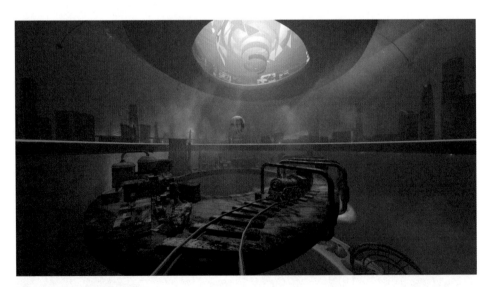

图 5-8 环碟世界的设计样例 4

图 5-9　384 层空间，以"六"为单位的六十四模型组合在虚实融合环境下可以切换和选择

原始开发者，要对每一个时空进行设计。依据这套设计规则可进一步细分以下六个主要操作：

一是交互平台的初始选择和进入。如果未来时空设计师针对各种风格差异、功能有别、定位不同的虚实交互平台去放置自己的创意内容，那么就需要准确把握平台自身的特点，需要理解平台规则、气质定位以及其功能定位，然后进行匹配。人们对平台的认可不完全在于"流量"的大小，还在于理念、氛围、基调和价值观的同频共振，还在于思维模式的匹配。环碟世界交互平台的特征，是建立在中国传统哲学的时空认知基础上的模型体系，具有独特的哲学意味和中国精神内核，客观反映了中国人看待万物发展与变化规律的逻辑模式。文化层面既包罗万象、千差万别，又彼此连接、自然融合，传统而非保守，连接历史和未来。平台定位的确定，是吸引虚实时空开发者选择并创作的前提。在该平台中，用户的进出方式基于用户行为选择，并且可以根据其所处位置动态控制导航。当用户进入场景时，还可以根据自身需要以适当的身份出现。交互方式的选择也可以根据用户自身需求而发生变化。无论是具身交互、触摸交互，还是基于情感连接的交互方式等，用户在进入平台前都可以自由选择且可以做动态调整。同样，平台的信息显示方式亦是如此。串联式的空间信息存在，如同空间抽屉或者折叠，由用户根据自身行为习惯拾取。

二是模型选择、主题对应和时空秩序。开发者进入虚实交互平台后，首要完成的是将自己期望开发设计的内容主题与平台六十四模型进行匹配对接。在内容层面，开发者遵循"先大后小"的原则，选择提取关键词和主题，接着围绕概念自由发挥，然后收缩回归，做到立足每一层空间的位置、状态和处境，设计空间细节。

无论是宇宙、世界、社会与公共范畴等宏观议题，还是自我、家庭等小范畴议题，在六十四时空秩序下，我们都可以找到对应的目标模型，都可以准确地为体验者进行定位和选择。平台不设置明确的关键词选择和命名思路，但参考并借鉴《周易》中六十四个概念所代表的含义和主题，包含：萌芽、蒙昧，通泰、闭塞，谨慎、谦虚，诉讼、治理、观望，蛊惑，剥落、反复，减损、增益，困穷、缓解，相遇、聚集，静止、渐进，事成、事未成，小积蓄、大丰收，小行动、大作为等。这些议题和人的日常生活息息相关，同时也是每一位参与体验者看待自我、看待世界的反馈。平台为每一个模型提供了一张皮和一个核：皮是表象的功能、感官信息和风格样式，内核则是蕴藏在这些概念背后的精神价值。

空间设计和用户行动设计传递了情感、时空呈现和思想观念。任何体验内容都可以从上述六十四个模型中找到对应的内容。六十四模型来自宇宙自然法则、人生境遇和人伦道理。这样，我们就把《周易》的内涵转换成了时空建制规则。

三是功能定位。同一个平台拥有不同功能定位：是日常社交场所、远程协作场所，是艺术呈现舞台、娱乐体验平台，是信息交流空间、社会活动的空间，是精神和美学的叙事空间、冥想空间和创作空间。开发者、设计师在打造模型前需要定位其基础功能，同时要兼顾多种功能、价值和用户自我开发的余地。因此，在虚实融合空间中，在这个综合性的用户体验平台上，来自用户的"内容"是用户设计、建造、活动、分享、交易所产生的虚拟数据，平台提供用户生活和创作的场所及规则规范。

交互平台的核心以小范围、近关系的私人社会网络为主。用户可以在平台提供的基础空间模型中自由活动，共处的人数规模控制在很小的范围。在平台社交过程中，除了用户自身和沟通好友外，其他人都不能获取到相关信息。用户有权限定设置信息接收和发出时间和边界，除此之外的信息将不会被共享。即便平台本身也不涉及这一范畴，服务的对象也是强关系社交。在这个过程中，首先是亲密的网络参与者的行为互动和空间共享，其次才是信息的传递。

四是风格定位。一方面，空间框架内的整体风格和气氛，是设计时空体验的明确基调。开发者在感官风格、空间体验的层面具有较高自由度，平台本身对内容呈现的样貌效果不做限制。另一方面，时空框架是环碟交互平台的基础原则，设置负面清单，限定交互规范。

虚实融合空间的整体风格设计符合用户定位。在该平台上，用户视角不限于平面的屏幕，而是沉浸在 360 度的空间之中。因此风格设计需要兼具虚拟和现实两个空间感受，需要让用户更容易地感受生活，体验真实。这就需要我们更多考虑用户的体验与感受，保证他们能以自己的视角看整个空间。用户在个人空间中，根据平台已发布的规则，使用平台提供的工具和道具，对不同的场景进行具体化设计。

五是连接虚拟时空和真实世界，设计虚拟资产在现实世界的触发机制。在平台中，是虚拟与现实的碰撞与融合，是虚拟与现实的互为延伸。在现实世界空间要满足场景适当、功能合理的条件，才能拓展现实世界的信息维度。在人们的日常活动中，虚拟资产会以不经意的方式出现在物理环节中，通过空间扫描定位与图像识别，加载出适当的素材资源。用户则以混合现实体验设备接收到信息。这个过程偶发性和个性化设计是其中的重点。这些资源也是虚拟空间和现实空间连接的窗口。设计师为每个时空框架下的重要信息价值和情感价值的资产适配相应的现实空间。人们可以根据个人意愿，把整个过程产生的数据与其他人分享。无论是虚拟，还是现实，"人"居于主导地位，在平台进行创作，与世界产生关系的状态不会发生改变。无论虚实，也正是因为"人"是整体时空的主导者，其虚拟资产决定了用户在联动虚实不同场域的生活方式，决定了权衡虚拟资产在虚、实环境的占比以及对应的时空社会关系。

六是建构时空虫洞。我们设计每组空间和整体世界之间的传送机制。我们在每个模型框架与其他六十三个时空之间，在小场景和大平台宇宙之间，搭建桥梁，也就是六十四个模型之间事件的发展脉络可以联通，场景与模型资源可以共享，信息之间存在更多样化的因果联系。

　　由于环和碟不同的排布顺序，因此在六十四个模型中，总有一些模型中间，存在着几种不同的关联关系。简单列举有如下类型：

　　一是反覆关系。在六十四个模型中，存在几对环碟排布顺序互为反转、颠倒关系的模型。也就是说，将一个六层模型整体 180 度倒转过来，就会得到一个新的模型。这两者所蕴含的主题，反映了对待事物不同的角度（图 5-10）。

　　二是相反关系。如果把原本的碟变成环，原本的环变成碟，整体也就变成一个完全相反的新模型。这两个可称为具有对照关系的一对。这两对矛盾的关系，称为相反关系，呈现事物完全相反的状态，体现了事物发展不同的态势和节奏（图 5-11）。

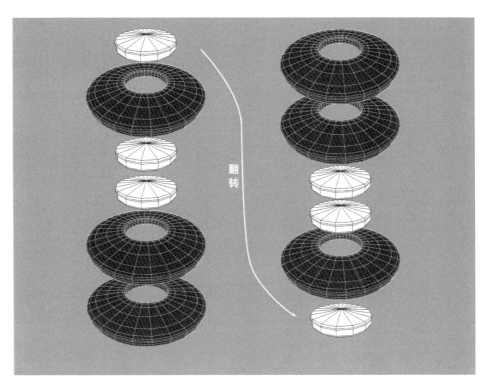

图 5-10　互为反覆关系的两个时空模型

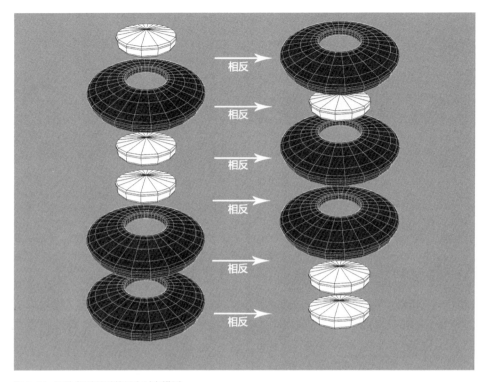

图 5-11 互为相反关系的两个时空模型

上述看似是表面形式的呈现，实则是内在关系的反映。实质上，平台是通过有规则的空间模型及其背后的方法论，把事物发展变化的关系以具象化的场景体验呈现。

我们在构建这套机制时也进行了创作实践验证。经过实践，有效确认了不同开发者在统一的框架引导下进行"四分机制"模拟的可行性：分时空场景、分层叠阶段、分团队协同、分应用功能；确认了六十四框架内的场景相对独立，风格各有特色，同时兼顾整体性和联系性，实现了既定的方案。

第二节 用户体验总体流程

用户通过沉浸交互方式进入虚实融合体验平台，连接人与机器、现实与虚拟。用户可以自主地进行艺术创作、交流沟通、生产、生活。用户通过意念控制自己在虚拟世界中的行动，综合地运用交互方式，归纳框架性体验流程和逻辑次序。

交互是包含多个决策环节、行动环节的过程。虚实平台交互的目标是优化用户与空间交互，提高交互效率，满足用户体验，保障整个流程围绕平台体验的需求和思路建构。因此用户进入环碟平台的总流程可以分为以下流程。

基础判定：用户使用环境判定与身份判定——从平台入口进入程序。

初级交互：从八个中心区交互进入——基于用户日常任务需求的选择，基于用户功能需求的选择，或基于用户即时反应需求的选择进入相应的场景和空间。

体验主体：在六十四模型空间中筛选和跳转——在六层空间中穿梭并完成一系列活动。

后续进程或完成体验：根据情况和需求六十四模型空间中切换或跳转，抑或是选择结束体验过程，离开平台。

这一流程包括：空间场景的选择、空间模块传送、用户切换和跳转、多用户参与的互动关系、情境的动态变化和行为互动方式等。我们需要对这一流程中的交互细节、设计要素和行为机制进行梳理（图 5–12）。

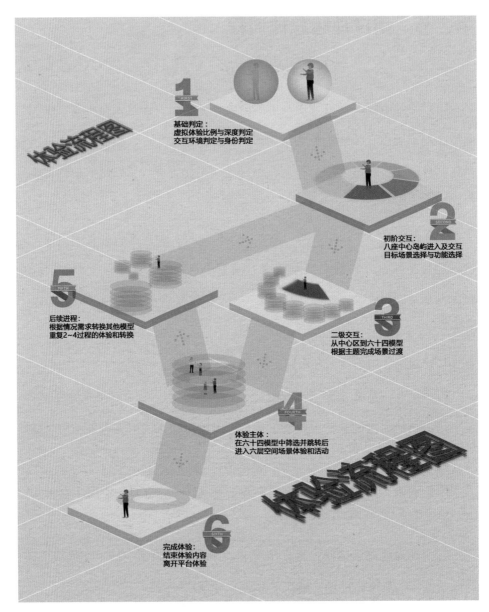

图 5-12　用户视角下的整体体验流程图

基础判定：用户使用环境判定与身份判定。

在整个正式流程之初，需要对体验形式和用户状态做一个基础性判定，也就是用户在使用当下的状态判断。常规虚实融合的沉浸式体验，是以虚拟为主或是以现实增强为主进行区分的。而在虚实深度融合的交互环境下，以虚实的主次划分无法解决边界判定，同时也不符合以易用、体验为核心的诉求。因此，把"动""静"作为交互机制的判定依据，也就是把用户的运动（行走、跑动或是肉身以非交通载具形式发生大跨度、大范围运动等状态）或静（在相对静止、周遭环境稳定的状态，包括固定座位上、小面积房间小幅度走动等类似状态）的模式作为开启平台内体验的前期准备（图 5-13、图 5-14、图 5-15）。

对照：相对静止的使用环境和动态的环境判定。

从平台入口进入程序：在八个中心区进行个人交互活动。

基于前面的技术性判定之后，我们进入正式的体验过程。在平台的第一界面不设置开场画面。在这一界面，没有统一、千篇一律的主界面和主场景，而是以八个个性化的岛屿为起点，把从八座中心岛到六十四个模型之间的转换作为轴心，一级界面是平台的基本操作模式。

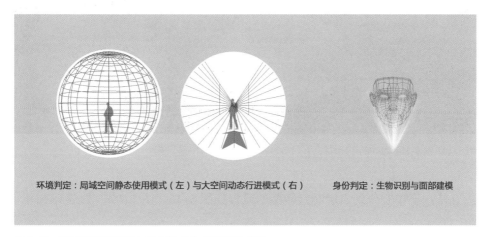

环境判定：局域空间静态使用模式（左）与大空间动态行进模式（右）　　身份判定：生物识别与面部建模

图 5-13　用户环境状态判定：静止中（左）或运动中（右）

图 5-14、图 5-15 虚拟空间下体验（上）与虚实融合环境下体验（下）差异

从八座中心岛到六层时空转换的流程如图 5-16、图 5-17、图 5-18 所示。

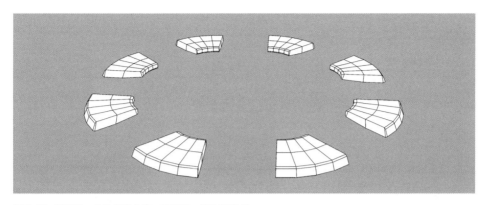

图 5-16　环节 1：从八座岛中的一座开始，作为起始点

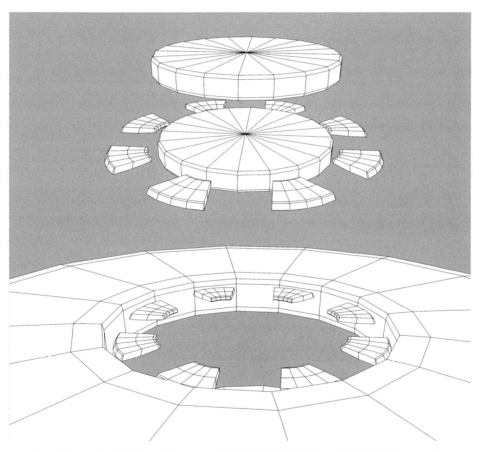

图 5-17　环节 2：岛屿可以漂浮、移动，与每一层的环或碟进行任意对接。与环形空间对接方式（下），与碟形对接方式（上）。如上操作即完成第一次从岛屿到环碟时空的转换

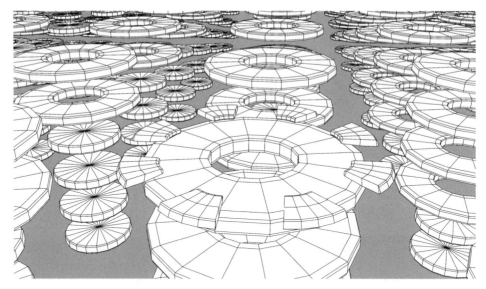

图 5-18　环节 3：不同的环碟排列组合形式六十四种模型，环碟场景可以在任意模型中穿梭和跳转

　　目标场景功能判定：六十四模型空间的进入和跳转。

　　用户随机描述和意愿选择后，所有选项都指向这六十四个模型之中，总可以在其中找到最相关和最匹配的模型，通过语义关联和内容指引完成第一步范围限定。

　　进入六十四分之一之后，是二级子菜单的功能索引。用户输入目标需求，明确行动目的，对使用场景预期的实际需求进行描述，如社交类型、风格主题、行为活动状态等需求。用户输入相关指令后，系统匹配用户当下的功能需求和主观诉求，选择合适的场景（时空层级），并进入跳转。

　　在这个过程中，触发空间跳转有不同选项，可以从虚拟世界进入，也可以从现实场景交互切入口完成虚实融合的时空交叉转场（图 5-19）。

　　基于前两次定位，时空间选择的范围已经较为明确。随后我们将进一步明确另外两个细节：一是社群范围边界的定位。我们根据用户个人的社交圈

图 5-19　进入到某一层环碟场景继续体验，这个过程可以是完全虚拟的，也可以是在不经意间，基于现实中生活状态环境触发的虚实融合体验

划分社群范围，对共同出现在同一时空场景中的人员范围进行界定，实现社交关系环境的精准定位。我们主要是根据用户的熟悉程度做出标定。

　　二是表现用户个人在一个日常事件中所处阶段的定位。人们在事物发展的不同阶段、在不同处境体现出不同的选择和行动。三级菜单中的最后一级子菜单将根据"环碟世界"规则，在六十四个模型里选择其中一个，进到六层模型，再在六层模型中选择一个场景作为用户体验的落脚点，进入空间中继续体验。

六层空间反映了某种事物发展的六个阶段。在同一层空间中，虚构的事件与用户的现实处境是统一的、联系的、相互映射的；虚实对接过程产生的信息量是可控的，有明确边界的。这一过程的阶段性结束是下一层故事的开始。用户完成了空间内的任务会被自然地从环碟的一层向上一层转换，直至六层体验结束。这体现了事情发展变化的走向、切换和跳转。当六个层的体验全部结束后，用户将获得一段完整的经历。这一过程必然是一个具有情感价值和认知内涵的生命体验。

这一步的定位依据是：系统对用户的个体情感状态、境遇的判断识别；用户的自主意愿、潜意识的选择；事物发展演化导致的结果。这三个层面相结合，衍生出准确的时空定位，是三个力量融合、相互作用下形成的状态。这与自然本身的运行机制并不相悖。

后续进程：根据情况和需求重复上述过程的体验和转换。

后续的体验不会因为六层的结束而终结。体验将继续围绕每个用户个体的习惯，结合初始开发者预设的内容、情节和内容，继续变化。只要用户的日常生活旅程继续，他们的体验就会伴随自己的发展和成长而持续输出价值，直至完成用户预期和目标。

第三节　设计风格定位与表现

交互平台具有开放性，开发者具有充分自主权和多种文化艺术取向，所以平台在规则层面保留最大宽容。但是，空间体系又具有完整性和同一性，所以，场景内的审美情趣保持必要的协调和统一。虚实融合空间既是数据信息的载体，又是文化的结晶。平台容纳八座中心岛，由 384 个场景组合成六十四个空间架构模型，因此需要保证空间设计风格的整体性。这就需要在视觉、听觉等感官层面保留一定的设计规则和引导。我们通过设计将具象内容符号化，通过用抽象化的符号唤起用户情感，使得用户主观感受、认知与视觉结合，形成独特的心理空间。

首先，在构建空间规则时，要处理好整体与各部分关系的问题。也就是说，把整个虚实融合世界当作一个整体来看，进而提供内部各具差异的空间样式。每个具体场景的主要设计风格是由时间、空间和环境决定的。在设计中，整体架构的元素要相对统一和协调；环与碟的基础图形要成为搭建空间的图形结构，且置于显著位置；空间布置围绕环与碟的形式布局展开。

平台整体设计的同一性源于用户对物理空间、生产生活、交互交流、劳动机制的共同性的渴求。尽管同一时空下的六层之间的整体空间逻辑和设计语言风格统一，交互美学一致，但内容信息、感官元素则强化差异性。因此，用户在不同的空间中进行不同的社会活动。每一层空间被赋予了不同色调、不同质感，被赋予了不同民族、不同年代的美学元素——多元化存在和艺术家个人风格得以释放。美国动画电影《蜘蛛侠纵横宇宙》探索了不同小宇宙中视觉的多元化。尽管电影中的探索依然停留在非常浅层的表象上，但还是具有一定的借鉴意义。总之，我们要尽可能避免各层空间内容和装置重复，要把叙事的六个阶段在时空场景进行呈现，还要在设计上保持充分的灵活性。

其次，开发者内容空间氛围基调要突出特色、化繁为简、包容含蓄、气韵顺畅舒适（图 5-20）。在遵循设计师创意和风格定位的基础上，弱化感

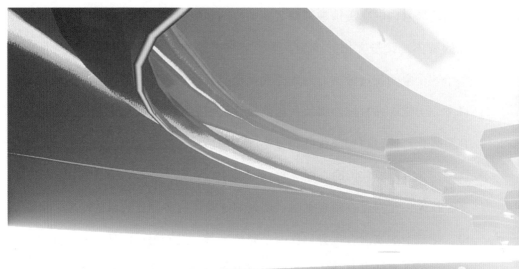

图 5-20 化繁为简、含蓄的环碟世界风格示例

官体验的繁复和非必要性堆砌陈列，释放更多可延伸、可丰富的留白，提高空间的复用率和包容性。在美学体验上，尊重人的生理习惯、审美情趣和生命价值。从规则层面，系统鼓励创新性、独特性的审美风格创新。随着 AI 算法和生成的新趋势，系统给予用户更便捷、更高效、更低门槛的生成体验内容。同时，系统对更新颖、更独特的创意表达，提供更丰富的资源和展示环境，开辟更多传播渠道。系统也把评判审美品质的标准交还给广泛用户而非机器。平台为空间开发者的独创性、设计师的美学构想、每个用户的自我展示提供更好的舞台，让整个创作过程成为他们艺术理念的具体体现。

再次，公共空间和私人空间要区别对待。开放的公共空间要满足群体的需要。建立情感共识在于人的本性。要想让用户持续驻留在体验平台，就需要满足用户的情感体验，准确定位空间性质是公共开放还是私密安全，自由松散还是亲密聚合，让用户在不经意间感觉到变化，从细微之处营造场景气场的变化。因此，我们在保持审美风格多元的同时，还要提供更强普适性，满足不同群体在不同功能情景下的需要。在保留空白和重组空间的基础上，要赋予私人空间个性化、小众元素。在私人空间，社会规则尺度相对自由，因此，私人空间可以容纳颠覆性、实验性的设计，作为个体表达呈现的试验场。我们也应该考量虚拟建构的场景与现实空间融合的设计，对隐私的小范围环境和公开场合的定义、设计进行区分。

第四节　时空场景的进出与传送机制

要实现虚实交互平台的跨时空体验，就要建构时空交叉和连接机制，实现六十四个模型之间自然流畅的转换。不同时空间进行转换的逻辑为双循环模式，即以用户现实需求引发的空间切换逻辑，以六十四模型平台智能计算而得的反映事物发展客观规律的底层逻辑。当用户在系统中输入或点击平台上的其他时空时，平台会把他传送到相应的地点，用户能身临其境地感受到空间的穿梭。

用户在使用平台进行时空穿梭的重要原则就是充分享有对自己时空使用和管理的自由权，不应被平台规则、营利性诱导和数字资源使用所限制，不应被各种由利益引发的条条框框所绑架。用户掌控自己使用空间、获得体验的自主权，从容面对海量的虚拟数据信息、无数的时空内容和程序。多元生活方式的选择是虚实融合世界的特点。如何分配和管理自己的时间、生命，把它们消耗在哪个虚实时空场景里，是每个人的权利。时空选择、调整与转换逻辑源于本人真正的意愿和有意义的选择，而不是被一些信息迷惑，被不理智的冲动误导。因此，基于传统哲学价值观而形成的六十四个模型，是帮助用户去伪存真，推开迷雾，找到自己内心深处真正的需要，是自我发展、自我价值实现的本质需要，是顺应事物发展客观规律的最优选择。

人们在传送时空场景时，系统会以不同线索和机制为触发依据。

第一种是现实诉求和个人主观决策相结合的层面。这一驱动力源于用户的现实需求和平台的功能导引：根据日常日程安排、社会活动轨迹和工作任务匹配相应的情境，并依据个人情感意愿或审美意愿做出选择。当用户完成一项日程活动时，平台根据用户后续生活安排或日程计划，以八座中心岛中适当的岛屿为介质，连接物理空间与虚拟环碟场景的中间地带，匹配合适的场景，提供空间风格和功能实现的多种选项，协助用户进入下一个空间，开启下一段日程。平台本身不做强制干预，而是帮助用户屏蔽外界无效干扰。最直接的办法就是关键词输入，包含明确的现实功能诉求和明确的目的地诉求；抑或是风格、内容、情绪等词语标签。系统则从平台六十四个模型中或者 384 个空间中匹配与关键词内容最接近的场景，并完成跳转（图 5-21、图 5-22）。

第二种是基于系统的随机调配模式进入环碟时空，或可称之为"盲盒模式"。这种是在满足用户的空闲时间，在没有明确的日程计划和任务目标的条件下做出随机匹配和时空场景转换。完全偶然的目的地传送将带来更多新奇和惊喜，拓宽人的视野，提供新的时空体验。但是，系统的判断存在一个信息获取机制，即合理地获取人的意念指引。在一定条件下，通过采集用户心情状态数据等反馈数据，对内容输出、时空选择和跳转产生一定的影响。2023 年，苹果公司未来空间计算平台系统获得的"修改虚拟内容以调用目标用户心理状态"专利，印证了调用人心理状态对交互体验机制起到特殊作用。

第三种是跟随他人选择。在虚实融合平台上，用户进行时空传送主要考虑的因素是空间、场景、行为、目的、方式。然而当用户没有目的、跟随他人时，则不需要设置明确的任务和目标。用户可以"随遇而安"，可以选择跟随其他用户，例如朋友、家人或者远程存在的某个用户，在虚拟空间中进

图 5-21 用户自我决策空间转换，掌控体验活动与事件发展节奏

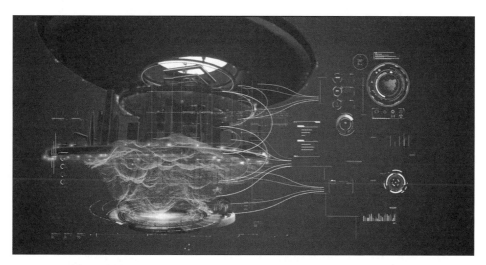

图 5-22 环碟世界示意效果图

入对方想去的场所或者社交活动约定的场所。这种情况就是用户把决策权交给相应的同伴，和同伴一同完成虚拟沉浸式空间的活动和体验。

如上三种触发依据可以满足日常生活中绝大多数人的选择，在充分尊重用户个人意愿和需求的情况下实现空间的转换。

当用户进入更深层次的时空选择时，则不只是在视觉层面或者感性意义上选个房间。这一智能化空间界面的设计，将挖掘人与人之间、世界与人之间更为隐蔽、复杂的关系。在人们面临困惑、寻求答案时，这一智能化空间界面的设计为人们提供时空演变方向、事物发展方向。

我们要将用户在空间中的行为动线设计和场景的切换变化统筹考虑。动势设计在中国文化中体现为"气"的流动态势。我们把空间的虚拟元素、光影流变、数字资产的动态数据把抽象的"气"具象化，作为用户行为的牵引力和触发点。

用户初次选择进入时空场景。用户进入到第二个、第三个以及后面的场景并不完全依赖于个人的喜好，甚至有时不以人的意志为转移，更多取决于客观事物发展的规律。因此，随着新叙事模式的发展，在第二次时空跳转之后，每一次切换都要结合环碟模式的世界观角度，完成空间放置和空间使用顺序的逻辑，建构空间关系的框架来呈现人的思维框架、逻辑框架，建立一种直观的联系，干扰并影响下一步时空场景转换和调整。这儿的跳转、切换不能简单地用 AI 或者算法去理解，不是被平台操控，而是顺应客观变化规则的一种合理机制（图 5-23）。

平台将围绕六十四模型规则，呈现时空次序、演变的各种可能性，预判事物发展走向，把各个空间选择的可能性、事物可能发生的变化、不同场景

图 5-23 针对用户自身日常生活状态的判断匹配合适的虚拟信息，来实现虚实融合的因果关系建构

选择导致的不同局面和结果，以宏观全景的形态展示。用户根据自身现实情况、个人意愿和系统判断的三个维度，从中筛选合适的时空场景迎接未来变化，寻找解决问题的最佳方案。六十四个模型不仅展现了六十四时空结构，还是六十四个关于事物状态的隐喻，是解决日常生活各类问题与困境的六十四个思考方式。用户筛选并跳转进入不同虚实时空场景的过程，实际上是对发展走向的推导和预判，也就是自我思考、自我回答和自我提升的过程。

推进行动：
基于『环碟』平台模式规划空间的交互逻辑与交互行为流变

第六章

第六章

本书第一章强调了虚实融合体验平台在交互系统上寻求交互语言的创新性、易用性，侧重探索以轻微的行为和运动撬动更大范围空间信息的容量产生和自如的时空转换变化。在探讨平台交互逻辑过程中，我们清醒意识到，交互工具不再是对虚拟现实设备交互方式的补充和完善，也不是传统 3D 游戏的角色移动和交互方式移植，而是结合平台的内容特点进行交互系统革新，确保用户在环碟世界中获得全面、立体、深度的空间体验服务和自主的内容开发工具，推进未来生产、生活行动状态的变化、提升。

多年来，人机交互技术、控制器硬件、触觉和力学反馈装置的体验方式带给用户酣畅淋漓的沉浸式游戏体验。交互方式有许多可以借鉴的地方。我们可以在交付方式中找到眼、手、脑、躯干的互动设计与环碟世界跨时空、多层级交互空间的结合点。因此，我们把环碟世界交互系统看作虚实融合平台的新空间。我们在整体思考空间属性、空间类型、用户特点、用户行为方式等基础上，把这个新空间看作细化交互行动和互动工具。

第一节　体验平台的交互方式与实施思路

从广义上来说，用户进入平台，便与虚拟现实交融的世界产生了交互；从狭义上来说，用户可以通过多样的交互方式，聚散信息或聚焦重点。在该平台上，用户主动或被动地选择剧本，共享作品，自由传播。就像尼葛洛庞蒂所言"数字化高速公路将使'已经完成、不可更改的艺术作品'的说法成为过去时"。在用户观阅、创作、传播过程中，用户已经不再是单一"受众"，而是具有使用、创作和传播三重属性。用户在该平台上进行艺术创作、生产、生活、传播、交流的过程不再被物理的屏幕限制，也不再跟物理世界相互交流，而是与数据、与虚拟内容进行沟通对话——距离不存在，时空颠覆，对象虚拟，进入与退出都随心而欲，密切沟通与断开联系都具有即时性。

从体验平台具体实践来看，"环碟世界"的交互模式从空间交互语言的视角，探讨跨层级、非线性、时空结构具象化过程和手段，交互设计的目标是用直观、清晰、自如的方式，把用户全空间、多维度的复杂信息进行转换和传递。

面对平台上庞杂的信息，我们需要提前设置交互过程中的信息分类。在平台中，交互逻辑与社交功能、艺术创作等匹配度较高。在平台的八座岛、六十四个框架、384 个空间中，每个空间都是相对独立又密切联系的统一体。因此，为提高用户使用效率，我们需要提前设置交互信息组织分类，创建分类体系，设置明晰的架构。在用户获取交互信息过程中，一般来说有两种分类体系：从上到下的组织分类和从下到上的组织分类。从上到下的分类体系是战略层面的交互架构。我们按照"主要分类"和"次要分类"的层级结构，根据战略层用户需求和目标，先确定交互过程的叙事内容、交互功能和呈现顺序，再设计交互界面。从下到上的分类体系是先考虑具体的体验叙事内容，再将内容归类，逐渐升华到战略层用户需求和目标。虚实沉浸平台要综合这两种组织方式：先按"从下到上"的方式构建整个体验世界大框架，得出不同内容的逻辑与规律；再按"从上到下"的方式，考虑用户认知和故事创作，从上而下设计。通过组织分类，我们能够构建用户与界面的有效沟通方式，构建符合用户认知的交互体系。

空间媒介不同，用户行为体验不同，设置的交互方式则有区别。虚实平台中，人们获得信息的方式和交互方式区别于传统媒介间的交互形式，从观念层面上获得独特的交互引导逻辑和环节步骤。虚实平台既要为用户呈现合理适度的内容，又要关注用户的使用、创作和传播等不同维度。因此，我们在综合交互平台特征后，需要归纳基本空间交互方式，明确架构体系，优化视觉映射，简化交互任务。

交互行为引导能帮助用户更高效率地获取用户信息。空间交互的前提是清晰、准确的注意力引导和信息引导的结合。动态的互动信息、叙事信息在360度空间中散布，重要的是信息串联的线索和相互关系的逻辑。信息分布呈现一定的规律，遵循视觉习惯、感知惯性和心理活动，同时，通过环碟信息的层级关系、因果关系，信息分布把主观交互次序和动机引导到合理、客观的逻辑上。在虚实融合沉浸体验空间中，多个用户可以同时存在于同一个空间，也可以独立存在于私人空间，具有共时性特点。沉浸交互平台是基于场景的空间，因此，平台用户交互的对象是三维视觉图像信息。平台的交互方式不是传统屏幕交互逻辑的移植。用户体验是这样的过程：通过视觉内容对全息宇宙的空间探索、全息解码能动地再创造。因而在设计过程中，我们聚焦于空间结构本体的视线引导、交互辅助以及必要的手势动作等行动指令机制。

因此，交互设计时需满足空间交互设计需求。在交互内容方面，需要满足叙事与交互内容的动态平衡。从早期的虚拟现实短片 *HELP*、*Dear Angelica*（图 6-1、图 6-2）、《沙中房间》，到虚拟现实游戏 *Lone Echo*（图 6-3、图 6-4）、*Half-Life: Alxy*（图 6-5、图 6-6），虚拟空间的概念已经具备较为完整的模型：在创建的立体空间中讲述故事，以第一视角构建不同的"虚拟世界"，观众在欣赏过程中也获得较为沉浸的个人空间体验。

虚实融合体验平台以场景为基础进行信息呈现，要满足空间虚实要求，使行为与意识准确联通。在交互设置中，支持多人同时在线交互，探索空间叙事、环境叙事。在社交共享、实时互动的场景里，我们营造"立体全息叙事场"，实现多人交互的便捷性。我们要设置交互视觉元素。这些视觉元素能吸引用户自发、能动地执行交互行为，产生创造性活动，作为参与者而不是旁观者进行主动参与。平台关注视觉注意力和视线路径、肢体动作幅度、行为习惯，关注个人主体、目标物移动速度快慢和方向。这些是设计思路的支撑。除上述定位之外，平台给予用户动态变更场景和时空瞬移等虚拟操作技能，提供多样化、相互配合的交互工具。这些技能和工具弥补了在物理世界中的头部、眼部、身体运动方式及速度的差异限制。总之，交互设置中视

图 6-1、图 6-2　VR 体验作品 *Dear Anglica* 中对个人情感表达记忆重建的美丽瞬间

图 6-3、图 6-4　VR 游戏 *Lone Echo* 画面

图 6-5、图 6-6　VR 游戏 *Half-Life：Alyx* 画面

觉呈现、视觉重点、交互工具选择的一致性对于空间交互来说是需要着重平衡的地方。

第二节 空间的交互设计结构

前文所述，在平台中的空间交互多以"传送"实现，通过"传送"将各个不同空间连接起来。那么对于用户交互行为来说，更多地体现了虚拟与现实两个世界的真实碰撞。环碟空间的框架是把纵向时空轴作为主线的结构。在环碟空间中，总体交互逻辑采取纵向移动和横行转动结合的基础交互方式。纵向看，环碟空间的框架是串形结构，实现层级的跨越和跳转；横向看，是圆形或环形结构，实现转盘式的旋转交互。从本质上讲，环碟空间的交互方式是空间流动而人不动。交互信息灵活而人的交互细微是互动原则。基于这一原则，我们通过视觉设计和动作设计，获取用户注意力，引导用户行动。

一、交互信息组织

在虚拟沉浸空间中，每位用户都是独立的个体，拥有独特的身份。用户进入虚拟沉浸空间后，首先要做的是感知空间。用户通过自由旋转、运动、感知等了解周围环境，确定自身所处的位置，以便在现实与虚拟间更自如地移动。接着，用户浏览所处场景中的信息，了解交互功能和信息架构，最终在互动中完成交互体验。整个过程中，交互信息的组织方式尤为重要，是用户了解信息、分析信息、理解信息的条件。信息编排要在六层框架和六十四结构层级的基础上继续细化：注重用户游历、探索和拾取空间的习惯，设置信息分类，明确信息数据架构体系。根据信息的移动方式，我们可以将体验平台的信息编排方式分为四类：指向性信息、功能性信息、关系类信息和层次类信息。指向类信息主要是为了区分不同信息所代表的对象，指出信息可视化符号指代、分类的思维过程。用户看到相关信息，就了解其所代表的含义及分类，无须特地进行交互操作。功能性信息是指空间中常规交互操作的筛选。用户获取到关键词及其含义，便自主确认进入的方式，执行空间闪送、时空转场和场景移入等交互动作。这个过程简单直接。关系类信息是为了区分信息在环碟场景中代表的对象间的关系。例如，用户的选择和确认对事物走向产生了影响，会连带一些变量信息按照一定规律随之发生变化。层次类信息是为了区分不同信息所代表的对象的层次结构。层次类信息又可以细分为时间层次信息和空间层次信息。时间层次信息通常代表时间点、时间长度、时间周期等；空间层次信息通常代表维度、位置、标记、路径等。通过时空层次信息我们可以观察信息交互过程中的时空变化。明确空间信息分类的目的是让用户更快获取自身在新空间的身份、处境等，构建起符合用户认知的信息架构体系。此体系为创作者们开发不同定位、应用、功能、风格的时空组合方式提供参考依据。

二、交互视觉呈现

在虚实融合交互平台中，不同的视觉元素会引起用户不同的视觉体验。夺眼球、强冲击视觉风格并不会为交互平台的用户提供更好的体验，相反甚至会引起生理不适。因此，空间交互的视觉设计首先要顺应"人"的视觉规律。设计者要平衡用户感知的距离和大小。当然，除了信息设计视觉距离间的平衡，还要考虑视觉信息的角度对用户视线的影响。

我们要针对不同的沉浸式场景和使用环境，设置不同的沉浸模式。优化视觉映射有助于增强用户对平台及内容的感知与注意。心理学将视觉分为低阶视觉和高阶视觉。低阶视觉感知事物呈现出的表面属性，如界面元素大小、严肃、疏密；高级视觉与用户认知相同，如界面图形、界面变化等。沉浸式交互平台对用户来说是低阶视觉与高阶视觉的结合，既有形状、颜色等低阶视觉，又含有长度、角度变化等高阶视觉。在虚实融合交互平台中，空间架构要求视觉设计元素定位简洁、可读、清晰。首先要根据信息内容明确组织方式。其次将不同信息所代表的视觉元素归纳、整理、分类、映射，将同一类别的视觉元素建立在同一视觉层次，进一步根据视觉与空间视线距离，处理好不同信息间的位置、纵深、尺寸等关系，并细化视觉架构。上述过程有助于构建视觉信息层级。

"注意"被认知心理学界定为"心理活动的集中"。那些能更快更多吸引用户注意的视觉画面，会使得大脑活动更活跃。用户感觉能量加深，认知行为更易被激起。所以在内容呈现时，我们要在界面建立"注意力目标获取机制"，以此突出视觉重点，明确注意力，实现聚焦、追踪、停留、穿插和发散等任务目标及其效果。人的视觉范围是有限的。眼睛的注意力是选择的，总是趋向于吸引人的视觉元素，例如动态的目标、明亮的色彩、反差的质感。因而，在视觉层次一致的情况下，在不削减体验丰富和精彩程度的前提下，我们要突出视觉重点。信息加工理论多次提到认知记忆容量。无论是短期记忆还是长期记忆，记忆容量都是有限的。在虚实融合沉浸式平台中，空间中涉及的信息量更多，信息传递暧昧难懂。对于用户认知来说，简化空间内的细节层次元素，减少用户感知负担与记忆负担是非常必要的。我们要用对称、交叉、空间动线、平铺、聚散等构成原则做交互界面设计，用功能导向对过度的、非必要元素和信息进行简化。这样，我们才能提供屏幕视野环境下的视线引导，构建合适的视觉框架。在交互过程中，我们要围绕内容发生的因果关系、叙事线索和任务目标，对全时空的游历和动态做有目的、有次序的、有联系的遍瞰，穿针引线式地获取、接收、处理主要信息，做到空间信息线索的视线引导与用户视线行为自主选择的结合。

三、虚拟沉浸空间的交互设计体验

用户使用平台进行交互时，如果不依赖于传统固定的 UI 界面，则容易信息松散，无视觉重点。因此，我们可以在用户视线前方编排视觉信息，集中显示需要进行交互的内容，但不是遮挡用户视线，而是以显示和引导为主。这就是以用户视觉为中心，设置半球面信息展示方式。用户通过手势、肢体等交互要素进行物理交互操作，与交互空间发生交互行为，产生互动关系，提高获取信息的效率，提升使用体验。在虚实沉浸世界里，用户在不同空间直接或间接发生交互行为。为了让用户在独立的场景中进行交互，调节虚拟与现实间的行为方式，我们需要设置一定的交互任务。在虚实融合体验平台中，无论是手势交互、眼动交互，还是生理数据交互，都是从空间中选择信息和筛选细节的交互行为。其交互逻辑是：用户发出行为——判断交互对象及动作——计算交互动作过程中的空间移动向量与速度——计算交互对象移动的幅度与曲线——对交互对象作出响应——交互界面以及空间发生变化等。这里环境与空间的改变包括时空氛围、声音、视觉、视角等。发生交互的整个空间都会根据交互任务而产生相应的变化。

除了与虚拟空间进行交互外，用户与空间中所含有的信息间的交互行为大致分为三类：从传统媒介移植用户熟悉的交互方式，如双击、长按等手势动作；根据场景设置接触式交互方式；用户自定义的个性化交互动作。针对不同的交互任务和交互目标，如浏览信息、理解信息、记忆信息、搜索信息、预测信息等，对应的交互方式为接触式交互，通过碰触点选、拖拽推拉、抓握拾取、翻找定位、翻转摇移、聚焦缩放等实现。手势姿态指令遵循人的行为习惯，而非依赖于刻意的教学和培养，同时，手势姿态指令兼顾用户的普遍性与个体的个性化设置，避免增加用户认知负担，避免抬高准入门槛和使用成本（图6-7）。

图6-7　手势交互操控模型和筛选模型

对用户肢体行为指令所做出的反馈是否及时、是否有效是交互过程要素之一。手势姿态互动通过视听觉、体感对用户的指令做出确认或信息回馈。我们要建立与完善互动规范与规则，有效确保用户行为实时清晰的响应。我们也要提前确定导航机制等，提高交互效率，确保用户准时获取有效信息，提高用户体验（图 6-8、图 6-9）。

新交互形成并非彻底颠覆传统逻辑。连续式交互、渐进式交互、被动式交互和混合式交互等常见的交互设计思路依然奏效。根据诺曼（Norman）动作周期所示，用户依据感知与认知，在脑海中形成行为意图，继而在连续式交互中根据交互任务，组建明显的交互按钮，引起用户注意。在渐进式交互中，用户首先确定交互空间中的动作。例如，通过眼部追踪实现交互控制，提高准确度和效率，压缩用户使用和学习成本。

更多设计体现在交互过程的细微之处。苹果公司在建构"Vision OS"（图 6-10、图 6-11）生态的过程中，注重对颈部移动、眼部转动等细节的考

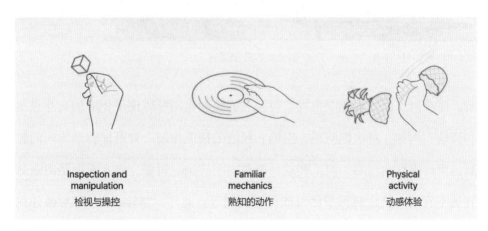

Inspection and
manipulation
检视与操控

Familiar
mechanics
熟知的动作

Physical
activity
动感体验

图 6-8　几种基础的手势状态交互

来源：https://developer.apple.com/videos/play/wwdc2023/10073/

173

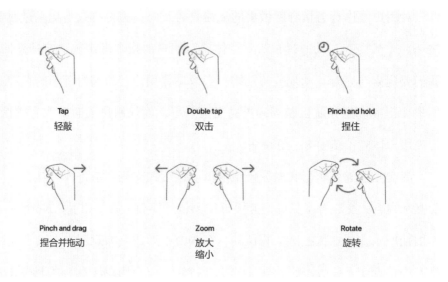

图 6-9　几种基础的手势状态交互

来源：https://developer.apple.com/videos/play/wwdc2023/10073/

图 6-10、图 6-11　苹果"Vision OS"的 UI 及其交互形式案例

量，注重对焦深度的控制把握。对视线的控制也同样体现了相应的交互意图和反馈。例如，对边框间距、空隙、尺度的精准控制，对眼球转动方向的控制：保持眼球向左右、向下转动，避免向上转动。再如，交互界面距离眼部宜远不宜近；长短焦调节尽可能舒缓控制等。此外，"Vision OS"对最佳视线的边界布局、动态信息的控制、身体姿态与界面关系乃至字体排版等都提出了细致的建议。眼部动作配合微手势动作，完成捕获、拖拽、移动和缩放等动作。这本质上是在追求交互的精致细腻而非酷炫和时尚。因此，我们要明确交互定位，把便利性、准确性和易用性始终放在交互设计的首要位置。

现有的交互终端设备提供的空间交互选项尚不完善：对肢体人机交互依赖度过高造成用户生理不适；受传统 UI 界面的思维惯性束缚，缺乏全息信息中界面的交互手段的突破。我们要根据多样化交互场景来设计，根据用户使用需求，丰富交互本身产生的表达含义，建立在眼部、手指以及不同组合基础上的交互行为存在广泛的拓展空间。

第三节 影响交互过程的内在因素

虚实融合体验平台使得虚拟与现实世界交互重叠在一起，是动态的变化的世界。无论是能实现沉浸式交互的动作捕捉技术、视触觉反馈技术、大数据处理与模拟仿真技术、肌电模拟技术，还是身体、语音交互技术等，其主要目标都是在虚拟场景中让用户实时体验物理世界的真实感。在整个平台框架中，从二维平面世界到三维虚拟空间，存在着三种力量：用户作为体验者、独立场景的原始开发者、现实中本就存在的真实。八座中心岛是体验者自我的精神世界的浓缩体现。在交互过程中，中心岛上的一切虚拟道具和装置，都是用户自我和个性化的数据库和素材库。这些资产、模型和装置可以被灵活调配和使用。同时，八座中心岛是物理空间与虚拟空间之间的交互缓冲中介地带。用户在八座中心岛里尝试物理空间资源与虚拟道具的交叉调用，对身体交互——视觉、知觉、触觉、听觉、嗅觉——甚至是感觉系统进行训练和适应。用户进入新的交互空间后，会根据长期积累的经验形成自然反应。但以往的认知习惯并不等同于虚实融合空间的行动。用户面对的是与现实空间有些许联系的新世界，需要补充新的经验来解决问题。用户需要在与新空间不断适应的过程中，打破以往对空间的认知，提升对新空间的理解，内化与平台的交互交流方式。由此看来，影响交互过程的首要因素是用户自身经验与新场景中认知过程的碰撞。

体验者和内容提供者是一种交融又对立的关系。两者将通过隔空交互，完成协作共建。当体验者通过通道、链接进入虚拟的六十四层时空，就可以体验到初始开发者所提供的一切空间数据和信息。体验者也可以在交互过程中，通过个人行为创造新的数据。这些数据包含了对原始空间陈设的改变，包含了自发带入的新虚拟资产，还包含了用户在空间中留下的行动数据、身体活动数据等。两种决定因素一个相对被动，一个相对主动。被动行为受到环境和内容接收更强的约束；而相对主动的体验部分则更为自由和灵活，松紧搭配，张弛有度，从而改变场景内的空间格局和事情发展的方向。由于空间性质的变化，用户对空间场景中的数据捕捉与处理，不仅依靠视觉，还依靠听觉等不同的知觉反应。空间中数据信息的视觉呈现、编排、运动方式、运动速度、与用户的视觉距离、数据刷新速度等，都是影响交互过程的重要因素。

现实空间要素必然也会介入到虚拟场景中。这为体验内容和过程增加更多变数。这个变数是根据每个用户自身所处的物理环境的千差万别而存在的。初始开发者不可能预知每一位体验者的生活环境因素，因此，初始开发者要在实际体验过程中具体问题具体分析，根据各个用户自主能动性来处理物理环境、虚拟场景和个性化因素之间的交互关系。

一、交互体验中虚拟资产的产生

在虚实融合场景中，虚拟器物、装置和道具主要有三个来源：一部分是初始开发者预先安排和放置的；一部分是体验者所处的现实世界的物理资源数字化后的孪生分身；还有一部分源于每个用户个人资源库中，来自用户日常体验过程，是自主、自发创造的，是运用实时交互工具、AI算法实时形成的。

用户体验者的日常生活和各类创造性活动，一定会留下很多难忘的、值得珍藏的数字器物。其中凝结着心血、情感和记忆。因此，快捷、简易地生产虚拟资源并非提供交互工具思路和策略的唯一选项：草率创造的物体无法在用户情感和心中留下深刻、难忘的记忆。恰恰是那些经历了磨难和艰辛得到的东西才弥足珍贵。因此，交互工具要在挑战、付出和易用、便捷之间找到平衡，甚至可以"制造麻烦"。

用户用基础的交互手势操作、AI辅助工具、游戏化的交互机制，在空间中实现多维度的模型生产以及相符的动态装置设计。我们可以通过系统算法判定和巧妙设计，把那些有意义的虚拟物品、新数字资产贯穿在各个时空场景中，而那些在用户内心具有特殊意义的，有意义的事物的虚拟孪生物，抑或是用户生活中无意间创造力迸发所缔造的、遗留下的行为数据痕迹，将持续伴随着用户的不同生活日常。无论用户在哪里体验和交互，无论在384个层叠平台中的任意空间，它们都能在适当的位置适时出现，融到日常的交互体验中。

二、交互体验中事件的发生与演变的产生

除了虚拟装置器物的设计和放置，空间场景内所发生的一系列事件也同样存在一套触发机制。这些事件的发展变化同样来源于初始开发者和体验者共同影响的结果。不同的是，事情的发展变化伴随体验的逐步深入越发具有更大的差异性和偶发性。开发者的权利仅限于事情的初始阶段和部分的偶发激励事件中，而中间过程由每个用户自己决定。

因此，设计师不仅仅关注开发内容本身，还要更多关注处理自我创造、用户生成和物理采集三种力量的博弈、协调、平衡、共生关系。开发者提供有价值的信息传递。个性化数字资源的目的是在不同场合下唤起用户内心的情感，而物质资源的联动则强调虚拟对现实世界的照应关系。每一种存在都应充分体现其价值。但真正的问题在于：对于千变万化的个人素材和物理世界，开发者、设计师如何了解每个用户的具体情况，如何合理匹配出现位置与时机，如何应对挑战。这问题的背后是一套关于算法机制、图像识别与匹配等的系列问题。开发者预先在空间内埋藏链接的接口，在合适的条件和尺度下，把用户个人的数据传送到这个接口位置，使其融入相应的空间中，让这些来源于用户身边环境和内心世界的物品和数据，以信使、信物的方式，与各个环碟时空建立情感连接，在其中找到归属感。

平台的机制在一定程度上要能根据用户的不同行为去判定事态的下一步走向。六层时空蕴含了事情发展规律与因果逻辑。一个空间就是一个信息

场。这个信息场当蕴含着信息流交换、数据流动。不同选择产生的变化对后续关联的层级有必然的影响。也就是说，在这个六层信息场之间所有的变化、联系和可能性都可以被设计、被观测、被识别。六层不同层级空间、不同时间阶段中的事物和演变过程、趋势脉络都在体验中一览无余、尽收眼底。环碟时空通过六个层级凝固了时间，让事物发展状态和因果关系以非线性的形态全面呈现出来，引导用户从一个空间进入到下一个环碟场景，揭示事情发展的多个选择走向。这一环节是平台构建多时空框架的核心意义。用户可以在时空场景叠摞的过程中看清演变的脉络和趋势，实现时空导航的真正价值。然而，体验平台的用户具有自主选择性。在何种用户场景下进行推荐，在何种场景下保障用户更高度的灵活性，是需要平衡的重点。

在这一过程中我们面临很大挑战。虚拟空间内容是用户自身状态、环境和心境的准确投射。原始平台内容难以完全匹配千人千面的用户状态，难以满足用户多变的情感需求。用户选择权与平台引导权之间存在着"交锋"。平台通过用户的交互选择，洞察用户需要和情感起伏，在情感激发的过程中完成交互方式与预设故事内容的有机配合。平台能够在突发事件之后，达到持续让用户情感抒发的效果，提供良好的用户体验，同时，把体验走向支配权交还给用户。具体来说，在日常化社会活动具有高度自由度，但开发者提供的内容、事件以及情节是预设好的，是在特定情况下根据程序自动触发的，在用户自主和内容预设之间建构合理的动态平衡关系是难题的核心。平台设计师设置的强制性叙事内容和用户千差万别的日常生活之间的关系是相互自然交融的。通俗地说，用户行动若主动"进"，系统驱动则相应"退"；反之亦然。无论是智能推荐还是用户选择，都要保护用户隐私，给用户提供足够的信任度和依赖感，使得用户放心、自在地驻足和活动。在每个层叠时空的体验中，用户可以自主地完成各自生活体验和日常社会活动。平台不能决定体验者所有的经历和走向，不能完全掌控用户的"命运"。平台需要提供弱引导、低强制性的内容和服务。平台需要在六层空间叙事关键节点为体验者提供重要信息，推动事件向前推进，避免虚拟场景过于空洞、单调，避免缺乏体验发展的驱动力，避免让用户失去停留的兴趣，避免让用户缺乏目标感、参与感、体验内容、情感的满足。这部分内容根据用户的交互行为、眼动情况、意识状态，为"用户偏好"模式、智能化体验辅助系统、内容推荐等做综合逻辑判定；同时，结合目前用户的状态，依据大数据和算法进行筛选、匹配，为用户提出相对精准化的推荐内容和选择方向（图 6-12）。

设计细节处理上，用户通过先前的选择，明确事件发生的基本框架、主题等信息。后续的发展围绕六层阶段归纳出的变化趋势，借助有关交互的大数据分析，通过算法实时反馈交互，按事物规律描绘下一步或下一阶段的走势，直至六个阶段的全貌，提示用户在做出选择后的影响和效果。

总的来说，交互的执行者是用户，平台提供给用户选项。开发者本着公平、正义原则和理性价值观，为用户行为选择提供帮助和指引。算法、AI 系统的功能就是执行者，直接面对具体的个体和用户，把开发者和平台预设的总思路和宏观框架转换成实时的人机交互体验。也就是说，原始开发者和平台规则把握行为范围；AI 属于服务作用，执行初始规则；最终的选择权还是要给用户。

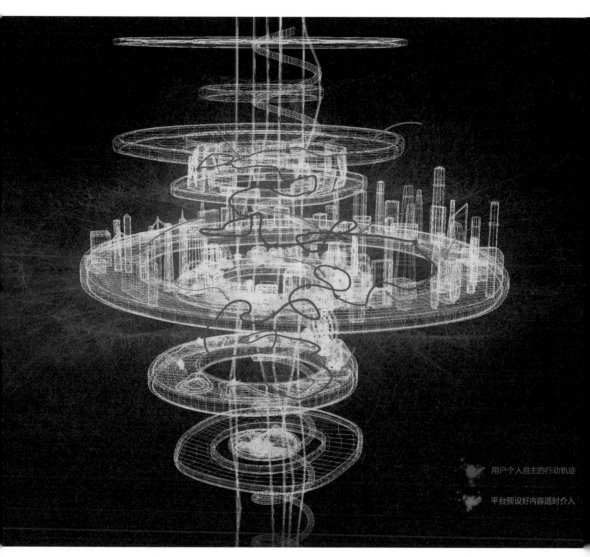

用户个人自主的行动轨迹

平台预设好内容适时介入

图 6–12　用户自主且随机的行动轨迹和路线（红色）与适时介入的原始空间开发者预设好的内容线索（蓝色）的匹配关系图

第七章

方向更新：虚实融合的沉浸式交互体验平台的设计贡献

　　交互体验三维化、全息化、智能化和高度沉浸化的未来交互体验模式，将建立在时空一体、空间正义与公平以及体系化的世界观、哲学观基础上。完善的虚实融合平台在数字网络空间加快成熟，将在数字化、全息化程度快速发展的环境下发挥价值，对社会发展、人的生活方式、人类文明形态产生巨大影响。

　　虚拟沉浸体验平台的建构，高度依赖于数字技术、计算机图像生成和算力及网络速率的限制，与大社会环境各方面因素息息相关。虚拟世界的建造和平台的搭建不会一蹴而就，而是要经历反复、跌宕和漫长的形式迭代。一个依赖于技术深耕、软硬件成熟、反复迭代的体验媒介和平台的模式，不会因为行业的热炒或资本的快速接入就成熟到位，也不会因浪潮退去就戛然而止。数字化的发展前景是一种趋势。人类从探索陆地疆域到探索海洋疆域，再到探索外太空疆域和虚拟网络疆域并进，这一"技术趋势"朝着某种必然的方向演化。

　　这一过程需要不断深入地探讨和实验性尝试，也需要领域内各方力量的协作和配合。坚守住这个方向，我国技术和文化会在逐渐成熟的关键节点上处于优势地位。

　　虚实融合体验平台的核心是在全息网络环境下，用时空转换和三维立体交互界面工具，建构并重新定位虚与实的关系。这不仅影响现实世界、日常生活，更关照人的精神世界。

　　虚拟世界的体验目的是让现实世界的人过得更好；现实生活的目的也是让人获得"虚极静笃"的精神境界。精神世界的满足能把人的精神体验和智慧升维。数字结合现实交互空间为此提供了一片沃土，并通过其规则的设计为此勾勒路径。

虚实融合体验平台的核心是处理个人价值与社会公平的关系，获得更多空间生产、资源共享的权益进而实现个体自由全面的发展，保障虚实融合的空间正义。

虚拟资源的出现让人们有更广泛、更自由地使用和体验的权利，而不是为了独占、抢夺、炒作和交易。人们愿意为创意、美好、新奇与共情表达自己的认可和进行奖赏。虚拟资产是承载这些美好体验的载体。

人们愿意为真实、真诚和真理付出精力和心血，也乐意充分地施展自己的想象力和创造力，分享创造有价值的体验。平台通过创新增量的激励机制，鼓励用户在平台原始体验内容的基础上进一步拓展，持续迭代和自我更新。平台对那些激发更多人创造力、想象力和生命价值的开发者、设计师给予回报和激励，从而激励更多人自发去实践，自主再生产。

虚实融合平台的交互是在空间内建构用户参与和原始设定内容之间的相互交融与动态平衡的关系；用户的主动性和平台的引导性相互依存。平台规则、算法以及价值评定是对用户意愿、想象的保护，也是方向的引领和导航。一切出发点和目的，都将是也必须是"人"的价值本身。

在不违背法律、道德的前提下，人们有权决定自己在虚拟或现实时空中的意愿、选择和行动，不受算法机制的过度操控和干涉。但系统仍然有引导、辅助和定位的作用：在顺应客观规律、启发智慧的前提下，协助每个个体时空定位、寻找方向。虚实交互体验的框架把中国人看待世界、生命的理念映射在日常的情景和事件中。跨时空的沉浸体验有多元的要素承载、提炼、浓缩宇宙的千变万化，并潜移默化地对人的内心提供指引。

　　而参与者在不同时空环境中仰观俯察，观物取象、立象尽意。通过系统的感知，参与者把物象内化为精神，滋养内心，进而重塑日常生活的状态。

　　虚实交互体验平台立足于中国式宇宙观、包容性的时空体验平台规则。空间体验及其规则是文化承载和价值传播的载体。人在空间中自主、多元的社会活动成为文化叙事的形式。以哲学观、宇宙观为内核的精神体验是交互平台建构的灵魂。我们要展望下一代交互与传播一体化模式的沉浸体验，战略性、前瞻性地设计平台逻辑和时空话语逻辑，将故事思维和行动思维结合，在多个时空场景下，寻求宏观宇宙框架下微观个体获得的内在感性体验。

后记　文化内容传承与文化全球传播新维度

　　伴随着交互技术和媒介技术融合、迭代、创新，时空沉浸体验模式正在形成，跨空间、跨地域的传播逻辑已经改变。智能时代空间的生产便捷化、实时化，时空边界在消融，跨文化交流的方式和逻辑已经完成从"交换"到"联动"的转变，即从传统信息交换变成跨时空的感知联动、身体联动和行为联动。这种媒介环境下，需要从现有文化中重塑文化根基。

　　在虚实融合体验中，文化传承的现实意义是应对当下复杂多变的挑战。事物都在变化之中，不变的本质是变化的规律。个体的人在一种文明的指引下，理解事物发展、运动的内核，划分事物状态、趋势、逻辑和系统。这是在国际文明对话中无法撼动的基础和方向。如今，文化数字化建设越发重要。但是，虚拟空间数据安全、文化形式、内容呈现尚缺乏国际公认的标准；线上和线下文化资产一体化问题也有待深入探究。从内容生产、平台分发到文化传播，并未具有成熟的、整体的、系统的、协同的方案。我们需要寻求物理世界连接虚拟世界共通的文化基因，在全人类的范畴内，在精神层面寻求集体性、共识性的身份认同。

　　把握这个准绳，通过交互平台的本质逻辑，来驱动日常生活的互动行为，承载文化的表达、传承和创新。在风云变幻的国际环境和科技高速变革的背景下，我们要发挥公共文化在维持社会秩序稳定、独立、健康、良性可持续的价值。虚拟空间的文化生态并非空想构建新的文化内容和规则条件，而是虚拟与现实互补、融合的新文化生态。这样的新文化生态将世界文化最精华的部分截取、凝聚、重组，结合虚拟体验特征，以文化系统思维构筑平台内涵，以文化数字化为手段，改变文化生产方式。由此，一套在文化层面赓续传承、守正创新的时空体验系统和交互模式，一种更具包容性和文明指引的文化导向，浸入到平台框架的内核中，潜入到社会生活的常态和习惯中，影响到生活方式、艺术体验、休闲娱乐活动的常态，并存在于交互行为的平台系统。而该系统通过时空交互媒介，以新的文化符号和文化形象，展示文化内涵、价值观、人的精神和内在世界，成为文化影响力的载体。在时空交错、跨时空联动的场景中，该系统以超越过去文化语言符号、文化传播的思维，丰富各文化背景下受众的精神世界，寻找人类文明新形态的思路和方案，进一步演化和扩展更丰富的内涵。

虚实融合体验中的文化传承、传播建立在空间平台开放性、包容性的基础上，在不同地域空间，在物理信息和平台对接交互的过程中，实现文明的交流互鉴。从宏观层面看，不同国家的用户交互行为在空间平台进行，链接日常生活场景以及日常的艺术体验、社会活动，以人机协同交互驱动跨文化对话，营造开放共享的交流环境，进而客观上丰富了时空体验的内容和文化内涵。不同文化差异造就观念和认知的不同，也会让行为习惯、生活方式存在较大差异。而对体验平台而言，空间中交互语言则是黏合差异的最佳手段。交互语言顺应大多数用户的自然交互行为与习惯，兼容不同国家地区、不同设备环境的用户交互方式。通过共情化设计，交互语言能让用户以身体自然舒适的方式参与其中，连接感受纽带，平衡传播内容与用户体验，建立集体的情感与价值共鸣。

空间作为文化容器和用户行为场所，凝聚了大众的集体意识和情感认同。虚实融合空间也不例外。一方面，虚拟空间可以容纳现实世界文化的精髓。这里的文化是物质文化、制度文化和精神文化的统一体，是文化内容和社会规范的缩影。空间是情感和跨文化生态的黏合剂，提供给人归属感和存在感。因此需要制定最基础的规范，限制非合理诉求，保障用户基本权利和行为。另一方面，虚拟空间是用户表达自我、体现个性的场所，为每位用户的发展空间创造条件。因此，既要维护所有人的共同意识，又要支持每个人的个性发展。尽管互联网促进了不同地域、不同时间用户间的融合，个人空间与公共空间的区隔具有模糊性。用户个人信息一经发布在互联网上，就会在公共空间中被传播。在虚实融合的环境下，在参与用户人数在一定范围内的情况下，在具有部分公共空间特性的场所中，大众的世界观、情感、需求和价值具有共同的理想和目标；而个人空间则具有自身可维护的不可替代的数字资产，具有保持私密的权利。因此，平台体现了开放性与差异性的文化意象，在保证人类整体价值认同的前提下，也为不同文化群体和个人的兴趣爱好提供了自我释放的小空间。

虚实融合体验中的文化传承、传播以空间为媒介，丰富和拓展文化生态。文化价值理念借助空间媒介实现生成和传播，构建空间之间的连接和联动机制，形成虚实融合的新文化生态。从空间到场景的逻辑脉络，虚实融合平台构建的文化生态能够促进用户的参与、体验，实现场景共建与联动。新文化生态将现实中的个人与虚拟文化身份打通，将物理现实与精神世界连接，丰富新秩序与规则，超越物理地域限制，让跨文化用户在场景中实现生活联动。总之，文化的力量体现在推动空间生产、塑造场景文化、满足情感价值需求、约束用户行为等方面。虚实空间中的文化建构与空间组织互为表里，对场景选择、空间规律、叙事形态、思维习惯等形成重要的影响。文化影响力除从现实到虚拟再到虚实共生的文化生态转变外，还参与内容生产、设计跨地域联动机制、构筑自身文化空间，通过独立的小空间与文化公共空间形成连接与互动，形成不断"生长"、不断"进化"、生生不息的新虚实融合时空文化生态。

虚实融合体验中的文化传承、传播需要凸显中国智慧。中国传统文化是千百年来人们从事政治活动、经济文化、社会生活、艺术创作的基础文本，是治国、修身、齐家、立德的根本依据，对中国乃至世界都有着重要影响。《中国哲学简史》中说"中国哲学讨论的问题就是内圣外王之道"，这个"道"，是指道路，也是指基本原理。而"成圣"的最高成就是：个人与宇宙合二为一。中国哲学映射了对事物所处的"时"与"势"变化规律的把握，注重随顺时宜。也就是说，随着时宜而不断变化，我们要不断调整，拥抱变化，站在"时"与"势"的一边，推动事物顺势而行，择机而动，找准正确的方向，有所作为。

中国哲学凸显世界大同、天下大同的价值导向。从北京冬奥会到杭州亚运会，从"小雪花"组成的"大雪花"到亿万人参与组成的数字人火炬手；以直观语言、虚实融合的方式传递中国哲学的理念。面向未来的新交互体验平台，更是将这一理念贯穿始终，融入每一位用户的交互行为中。

虚拟沉浸式技术是物质世界与精神文明文化发展相互协调的重要媒介。在广阔的视角下，每个人短暂的生命只在这个时空宇宙中留下微不足道的痕迹，但这种痕迹会不断积累、不断演化、不断拓展，汇聚成人类文明和精神成果，流传下去。哲学家们孜孜以求寻找真理，为了人类的未来而探索生命的真谛。虚实融合平台在紧跟时代脉搏的同时，更注重面向人的思想内核和精神世界。

从原始农业向工业化、数字化演变迭代的过程，再到更智能化的未来，人们探索未知的过程推进了文明的进程。持续的变革改造世界，不断延伸人类的触手和边界。除了向宇宙外文明进发和探索这条道路外，人类在另一个维度上开辟新疆域——一个在虚实之间的无限广阔的"星辰大海"。因此，在虚拟沉浸式场域中构建交互体验平台的核心问题是：探求一种清晰的思路和最基础、最根本的、哲学性的指导性思想，沿着一个思想所形成的思路进展、探索并实践。

综上所述，建构交互体验平台的根本逻辑已经基本清晰：从表面看体验活动只是交互方式、叙事和表达的体现；进一步是行为逻辑、时空逻辑、空间秩序的建构；再深入一层看是未来生活方式、行动和习惯、价值观、艺术思维逻辑和文化的秩序，是思想、世界观和文明的内核（图 8-1）。科学家钱学森先生前瞻性地预见：虚拟现实（灵境）技术对人类的影响本质上是多维智慧、大成智慧的提升，进而推动文化艺术变革、社会变革和科技变革，影响世界。从沉浸式的数字体验到虚实融合，再到精神世界的探索路径转变，我们可以找到虚拟与现实交织之下，与交互体验范式相关的一系列问题的答案。

至此，本书试图通过对基本逻辑更清晰地阐释和对实际方向、方案尽可能全面地描述，为广大虚拟空间设计师、虚实交互体验的创作者、未来新传播形式的研究者、下一代网络时空建构开发者提供尽可能清晰、具体的设计思路和实践策略，找到符合当下文化环境和表达习惯、思维模式的路径。当

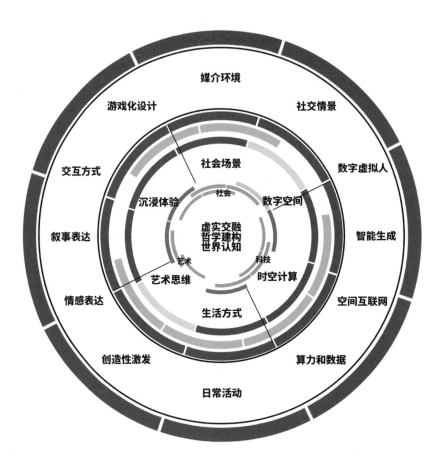

图 8-1　虚实融合体验平台模式的思维认知结构

然，探索和创新在思路上的局限和策略上的缺憾是难免的。

在此，我们要向所有支持或协助过该成果完成的师长、专家们，向中国传媒大学、中央美术学院的前辈、同人们——黄心渊教授、王雷教授、林笑初教授、郝凝辉教授等，向参与或帮助过该探索的同行者、同伴们——牟永森、刘俊威、王瀚瑶、王小雨等，向参与设计创作实践课程的全体同学，以及提出宝贵意见或提供支援的家人、朋友们一并表达诚挚感谢！

最后还期望更多的探索者们，在中华文化感召下，在未来新的空间体验交互机制和传播环境中，一起开拓出独特、有意义的方法手段，也期待世界不同文化环境中的人们，在更广阔的虚实融合体验时空里，为建构更平等、更美好的秩序交流对话，共同探索未来人类文明和人类价值的新图景。

图 8-2　不同风格的环碟世界设计样例 1

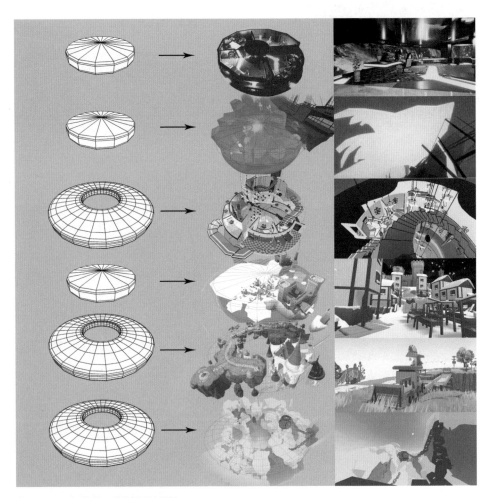

图 8-3　不同风格的环碟世界设计样例 2